U0011489

高端訓——著

以

MARTECH

經營

大數據會員行銷

《大數據預測行銷》暢銷增訂版

愛因斯坦：「如果你不能簡單地解釋一件事，
　　　　　就表示你不能很好地理解它。」

Albert Einstein：“If you can't explain it simply,
you don't understand it well enough.”

誰適合讀這本書？

1. 尋求企業轉型的老闆及高階主管
2. 想在大數據時代建立品牌的人
3. 傳統行銷人想要從事大數據工作
4. 大數據資訊專家想要從事行銷工作
5. 想用大數據經營會員，為企業創造獲利的工作者

有兩種人不適合讀這本書：

1. 想要學習如何寫演算法
2. 想要學習大數據資訊系統建置

以大數據 MarTech 驅動企業數位轉型

2020 年，一場新冠疫情，促成遠距工作，全民上網消費，促成企業全面佈建 O2O （線上線下）成爲新競局。

一個地球有兩個世界，一個是傳統實體世界，另一個是網路虛擬世界。實體世界的經營者不熟悉網路世界，網路世界的創業家不瞭解實體世界，本書的前半部幫你認識大數據會員經營及 MarTech 的應用，後半部則聚焦在大數據預測行銷及大數據品牌的建立。

後疫情企業復工，面對的再也不是以前熟悉的世界，企業數位轉型，迎來了大量的數據，誰能善用數據，將決定誰是未來贏家。企業數位轉型是多面向的，可以二分法分爲內部及外部轉型：內部轉型包括營運優化轉型、流程優化轉型、組織優化轉型、商業模式轉型、領導思維轉型；外部轉型則面向市場與顧客，主要爲業務發展與行銷功能的數位轉型。

彼得杜拉克說過，「企業的目的在於創造顧客」。對企業而言，沒有顧客，就無法生存！所以，我認爲推動企業數位轉型，最快的途徑莫過於從行銷及業務面著手，有了顧客作爲強力的後盾，再藉由行銷與業務的轉型，反向推動內部改革的力量，這是效果最大，也是阻力最小的作法。

這十年，在大數據浪潮的推波助瀾下，MarTech 行銷科技發展突飛猛進，提供企業進行行銷及業務更新迭代的絕佳機會。有鑑於企業對 MarTech 的瞭解仍處在初期階段，相較美國企業在 MarTech 領域的應用已經領跑十年，台灣企業尤其服務業，需要急起直追！

因此，本次改版特別另闢專章，介紹 MarTech 行銷科技的發展，以及 MarTech 結合大數據科學，如何顛覆傳統 CRM 會員的經營，整合線上及線下消費者行為軌跡，為企業帶來全方位的顧客視角，加上應用大數據預測科學、自動化行銷，解開行銷及業務組織被繁瑣的工作綁架，釋放行銷及業務組織的能量，讓第一線人員可以有更多的時間思考行銷策略，建立傑出品牌，進而帶動企業內部數位轉型，豎立新典範！

英國首相邱吉爾說，「千萬不要浪費每一場危機」。就讓我們借力使力，現在導入大數據科學、MarTech 行銷科技，作為企業數位轉型的先鋒！

台灣企業加油！行銷人加油！

簡潔才是力量

| 陳剛教授（北京大學新聞與傳播學院廣告學系主任、現代廣告研究所所長）

　　大陸有一句話，學者的主要工作就是把簡單問題複雜化。我是一個研究智慧行銷的老師，看到這本書吃了一驚。大數據行銷對傳統的品牌模式帶來巨大的挑戰，也是研究領域很前沿的問題，應該說，這個問題的解決方法還在探索。而《大數據預測行銷》（一版書名）這本書，每一個章節似乎字數都不多，可以這麼簡潔地讓大家瞭解大數據與品牌的關係嗎？

　　這是一本很有質感的書。書中的內容乾貨滿滿。作者有豐富的商業經驗，對數位技術的變化把握準確，所以在研究和洞察中，形成很專業很前瞻性的思考。對很多朋友來說，這本書，讓眼花繚亂的數位技術奇觀化繁為簡，在迷茫和困惑中，找到商業操作執行的路徑。

　　技術的反覆運算升級還在不斷加速，對傳統的品牌模式包括現在看起來似乎很新的品牌創新的顛覆還在持續。5G 將帶來企業的物聯網革命，當企業的生產方式進入 AI 時代，相信未來的品牌模式一定不同於以往，而這種變化是我們所處的巨變的大時代最有魅力之處。

讓品牌裝上大數據的翅膀

｜黃麗燕（李奧貝納集團執行長暨大中華區總裁）

這幾年來，身旁總不乏各種新的名詞，尤其是在大數據領域裡。這些新名詞讓我們憂心忡忡，害怕自己跟不上發展的腳步，但進一步瞭解大數據，你會發現其實「數據」本就存在每個品牌或店家手上。數據不在「大」，而在「活」——不要只追求大的數據，而是要看到活的數據；數據不是拿來就用，更要思考如何活用。

台灣人說，「狀元子好生，生意子歹生」。大數據結合了兩者，你要有狀元子的用功，也要有生意子銳利的洞察與靈活的思考。生意子走進市場，他會先仔細觀察，然後提出對市場的大膽「假設」，有了大數據後，又能像狀元子透過活的數據來驗證答案。

好的品牌經營者，往往也是善於提出關鍵假設的人。他們會去思考消費者在生活中，有什麼需要？品牌可以這其中扮演什麼角色？在這個角色裡，品牌如何發揮出有差異又極好的價值？品牌的資源有限，不可能在消費者生活中扮演「所有」的角色，且消費者也不會買單。因此，如何選擇自己最擅長的、集中力量做出最有區別力的品牌，就是生意子的智慧。

加入大數據的思維後，品牌經營就如虎添翼。我們可以從數據中觀察人們真實的需要是什麼，找到有憑有據的 insight；發掘

人們的行為模式，建立起正確的模型；甚至在不同的替代品或服務數據中，發揮競爭的優勢，找到品牌競爭的利基，發揮狀元子的知識力。此書給了清楚又有架構的觀點，讓我們在大數據裡不只是有跡可循，更是有「基」可「成」。

此外，大數據更加速了我們的行動力。過去，品牌定位的設定與調整，需要經過較長的驗證過程，在一檔又一檔的行銷活動完成後，才能漸漸確定品牌的目標是否精確，有了大數據後，如同作者所言，從「大魚吃小魚」的時代，進入了「快魚吃慢魚」的世界，隨時觀察數據的變化，確認自己的方向是否正確。

大數據雖然好處多，但更考驗了我們抓重點的能力。小時候你一定遇過這樣的同學：打開課本，從頭到尾幾乎都用螢光筆畫滿，「所有都是重點」就等於「沒有重點」。正因大數據太大了，過度用功的狀元不一定吃香，會抓生意重點的更為重要。我最近協助許多台灣中小企業品牌化，最常碰到的狀況，就是台灣廠商的產品做得超級好，但進入全球市場、打「世界盃」時，總是缺乏單一、明確、閃亮的品牌核心主張，而在尋找核心主張的過程中，又往往過於貪心、什麼都想講。少了核心的品牌主張，自然難有具體差異化的價值，更難提出最關鍵的假設，就算擁有高含金量的大數據，也不知要從其中驗證什麼，迷航在數據海中。

如同 Simon 書中所言，大數據仍是服務於品牌策略的戰術。在運用這把火力強大的武器時，不要忘記你的靶在哪裡，然後運用大數據，更快地確認自己的目標是不是正確，隨時微調自己的目標與戰術。讓我們成為那隻靈巧、有狠勁又精準的「快魚」，以狀元的知識，靈活做出正確的生意決定！

PRRO 與 Uni Marketing
均以數據為動力

｜節遠（阿里巴巴人工智慧實驗室資深市場專家）

　　有幸提前拜讀端訓先生的新書，在各種行銷「套路」、「奇招」輩出的時代，「PRRO」理論（Platform（平台）、Review（評價）、Reliance（信賴）、Order（購買））的提出讓人印象深刻。

　　這個基於大數據的理論洞察，在社交電商時代尤其值得注意。這也和阿里巴巴經濟體這幾年一直踐行的 Uni Marketing 全域行銷理論不謀而合。

　　「PRRO」理論和全域行銷都是以數據技術為動力，把花費變投資，實現全鏈路、全媒體、全數據、全管道的智慧行銷方式。

給想經營品牌與會員者的真心建議

| 別蓮蒂（政治大學企業管理學系特聘教授）

接到 Simon 邀約為他的新書寫序，我二話不說便答應了，連新書的主題和內容都沒問，因為其實是我自己想先睹為快。根據過去讀 Simon 著作和聽他演講的經驗，他一貫不藏私與深入淺出的作風，這本書一定又可以讓我學習到不少新觀念和啟發新想法。

果然，Simon 在一開始就先告訴「潛在讀者」，這本書不適合想學演算法和建置系統的人；真誠實！Simon 並沒有打算誘騙不合適的顧客上門。這本書也真如 Simon 自己強調的，可以協助想從事大數據行銷的企業主或主管建立基本態度和期待，甚至翻轉觀點。

本書架構清晰，先建立讀者對於大數據行銷的基本觀念和澄清常見迷思、再介紹工作步驟，包括商業分析和預測分析，以及一些分析方法和模型的簡介與功能，最後再度強調一些應該修正的迷思。架構明確得像一本教科書，這應該與 Simon 這幾年累積的教學經驗有關，非常適合讀者自修學習。

我個人最喜歡書中的一些提醒，因為與我個人的觀點和經驗完全契合。例如：書中為供給面和需求面各整理出的七種行銷策略，清楚點出平台行銷策略不是只有補貼政策或是免運費；又如，在介紹商業分析和預測分析時，先提醒大多數的企業原本數據就

可先進行商業分析，其實我個人也遇過不少企業主詢問如何做大數據分析或是建立會員制度，可是稍微深談後就發現，很多企業連手上現有數據的分析都還沒做好做透，真的太可惜了。數據分析前的清數據步驟，更是重要的提醒，就我幫企業分析數據庫的經驗，若是多年未曾清理的數據，常常只能留下五分之一、甚至十分之一的有效乾淨數據，所以，衷心建議有數據庫的企業，要養成定期維護顧客數據的習慣。

Simon 根據他的經驗和觀察，為讀者整理的行銷策略、須關心的顧客類型與行為、會員制度類型、互動活動類型……，全書有非常多這類 Simon 學到或是體會到的分類整理，對於行銷實務操作者非常受用，可以當作參考工具書般放在案頭，激發靈感。

我的結論是，若是曾讀過 Simon 上一本書《多品牌成就王品》的讀者們，可以透過這本實用的新著，成為 Simon 的讀者會員。或許，Simon 可以開始經營他自己的會員數據庫了！

因勢利導，脫離極端

| 楊仕名（香港大學 SPACE 中國商業學院教務長（學務）、
香港大學專業進修學院金融商業學院署理總監）

　　與高博士 Simon 結緣是因爲一位學員的介紹，其實我早就風聞過台灣有這位專家。剛好我的專業也是在行銷，能有機會跟他認識正好是同行遇上同行。他在奧美以及王品，再到現在的諮詢經驗，實在有聊不完的共同話題。尤其是 Simon 鑽研了很長時間的大數據和品牌，能夠把這些想法歸納成書，我已經既羨慕又妒忌，然後居然能幫寫篇序，是我的榮幸。

　　這幾年一直在中國上課，觀察到兩個現象。第一，因爲中國人多數據多，要進行各種建模、測試都相對容易，所以大數據的應用在中國是很有條件的。對很多企業來說，大數據彷彿開發了一個全新的金礦，十倍甚至百倍的營銷投入回報不再是傳說，而是鍵盤上的眞實結果。所以很多中國企業或行銷人都對大數據趨之若鶩。本來這是好事，脫離原來憑空想像，無序發展的想法好多了。可是鐘擺很少停在平衡點，常常從一邊擺到另一邊，從一個極端走到另一個極端，只重數據不談行銷，沒有長遠部署只爲了短期效益，追求爆款。這種急功近利的心態其實非常嚴重。我們眞的要問一下，這種發展對品牌眞的有利？對市場會帶來健康的成長嗎？

　　另一個現象也是一種極端，曾經有一段時間，都說沒有品牌

沒法走遠路，消費者認不到你。於是各種品牌概念，例如品牌定位、品牌性格、消費者畫像都是行銷人朗朗上口的金科玉律。不過互聯網的出現，讓很多行業的進入門檻降低很多。微信的網店、網紅、YouTube 的YouTuber 等，都在衝擊傳統品牌的根基。於是又有人問說；互聯網年代品牌還有存在的價值嗎？

　　Simon 這本新作很好的解答了上述的問題。大數據行銷仍然是行銷，仍然要滿足消費者的需求。再好的算法也不能代替對消費者的重視和理解。當品牌有了大數據分析結果的支持，可以給消費者更好的方案，更優質和更量身訂製的服務，這樣品牌才能夠一直往前走，與競爭者作出區分，信賴也會一直增長，而信賴正是品牌的基石。互聯網時代真假信息泛濫，消費者愈難辨別時優質品牌的價值就愈高。

　　當然 Simon 的書遠不止這些內容，除了對大數據知識的梳理外，大數據和品牌的互相支持，以及品牌的新發展，包括平台化、故事的應用，還有在 UI/UX，使用者互動及體驗上的改進等都有涉及。配合各種個案，是行銷人溫故知新的思考良伴。我們讀書，就是為了破除成見，吸納別人的成功經驗，學習好的思考方法，這幾點在本書中都可以做得到。

　　我希望想學演算法、想學系統也能看看這本書，這樣才會瞭解行銷人的想法，我們溝通起來也不會那麼費勁，世界不是更美好嗎？

建構平台品牌行銷金三角的概念

| 陸雄文教授（復旦大學管理學院院長）

　　如何在大數據時代發展與提升品牌，這是一個全新的問題。一方面，傳統的品牌發展理論與實踐，並不一定能夠支持新時代的品牌競爭與發展的要求；另一方面，新時代的技術創新日新月異，為品牌塑造和提升提供了更多的可能性，挑戰與機會並存。

　　本書作者高端訓先生不僅曾經成功領導了多個跨國公司的品牌發展，而且還兼任多所大學的教授，給研究生和 EMBA 學生講授品牌創新管理和大數據品牌行銷的課程。他不僅實踐經驗豐富，而且理論基礎扎實，又善於學習和思考，曾獲得台灣多項實踐和著作的獎項。我原本同他素昧平生，但是我曾指導過的 EMBA 學生曹原彰先生同他曾是王品集團的同事，對他讚譽有加，將他引薦給我，並把他的新書《大數據預測行銷》推薦給我。我讀了之後非常有啟發，因此接受端訓的邀請，為他這本著作來寫序。

　　大數據時代的到來，使企業品牌的塑造有了更多的手段和方法，個性化的與顧客的溝通成為主流的選項，但同時品牌之間的競爭也更激烈。相對來說，溝通的成本隨著競爭的加劇也會直線上升。所以，品牌發展的挑戰也讓許多企業陷入困擾，速度、流量和口碑成為企業必須專注的焦點，品牌發展和提升的策略也需要加以調整乃至被顛覆。

本書的價值在於從理論上探討了大數據時代網路品牌與實體品牌的區分，以及網路品牌又如何可以進一步細分爲平台品牌、內容品牌和網站品牌，不同的廠商應該根據怎樣的資源、能力和環境條件來做出合適的品牌選項。

　　我認爲本書最重要的貢獻是提出了使用者介面（user interface, UI）、供給方（supplier）、需求方（consumer）三方的平台品牌行銷金三角的概念。在傳統的品牌行銷時代，供給方會採用各種有形無形的手段向需求方推送資訊，但有了網際網路平台以後，資訊的溝通表面上看更加方便、更加迅速、更加無所不及，但是需求方也因此會抗拒很多資訊的接收，他們會做出判斷和選擇：接收和拒絕。品牌之間的資訊溝通競爭更加激烈，成本也因此會急劇上升。所以如何有效地利用平台的介面成爲品牌發展和提升的重要考量。基於這樣的分析，端訓從供給側和需求側兩個方面探討了各種可能的策略，其目的是希望促進平台的供給與需求讓雙方的流量大幅增長來促進更多的資訊交換，以此來平衡供求，這就是網際網路介面的價值，也因此可以來促進品牌的影響和擴展。

　　端訓還提出在大數據時代品牌發展的戰略目標是不變的，都是要去建立品牌的有形和無形資產，但是在品牌發展的策略方面，卻可以利用新興的網際網路技術、大數據採擷技術來發展新的溝通策略，包括會員推薦、影音直播、粉絲深耕等等。

　　端訓在理論上建立一個分析的框架和邏輯的同時，也輔之以很多實例佐證與說明，因此這樣一個框架對實踐可以起到有效的理論指導作用。我覺得端訓還難能可貴的是提出，要做好大數據時代的品牌行銷，雖然基礎的統計知識和對大數據分析的軟體知識的掌握是必要的，但更重要的是要

有產業經驗和商業見解。這樣的認識反映了端訓對網路經濟的深刻理解和洞察。

最近一段時間，我考察過若干個新創企業。這些新一代的創業家都非常年輕，有良好的、科學的訓練，對網際網路技術、數據採擷技術、統計軟體有精到的把握，很多都是這方面的專家，但是在發展商業模式和產品服務方面，卻受制於他們的產業經驗、生活閱歷的不足，有很多的局限性。這也印證了端訓上述認識。

最後，能不能在網路經濟時代塑造強有力的、能夠征服顧客的品牌，其實本質上還是要能夠深刻洞察顧客的內心和偏好，然後有效地利用大數據技術和網際網路平台來整合資源，創造和傳遞對顧客來講不能抗拒的、高性價比的產品和服務，這才是品牌發展的王道。

這本書是跨入大數據時代的大門後，端訓對於品牌行銷戰略的理論和實踐的探索之作。實踐的創新總是快於理論的發展，也因此端訓的一些觀點、見解和策略也需要隨著時間的推移、數位經濟的發展而需要不斷地更新和升級。大數據時代為我們開闢了未來無限的可能性，也因此為我們設置了每個階段的局限性。但是無論如何，端訓的探索和實踐的精神和勇氣都難能可貴，令人稱讚。尤其當他感知到大數據時代來臨的時候，毅然放下工作，全職去美國加州大學進修大數據預測科學，不僅反映了端訓的超前敏銳性和迎接未來的勇氣，也反映了他嚴肅的科學精神和和熱忱的求知態度。

端訓在書的結尾也提出來，面對改變唯一不變的就是知識與勇氣。端訓通過寫作總結自己的思考和實踐，同更多的讀者來分享他的思想和見識，引領更多的企業高層與行銷人員去接受未來的挑戰，並幫大家建立起

面向未來的網際網路思維和品牌戰略發展的框架，充分體現了他的「知識與勇氣」的信仰。其實近幾年來，我也一直對我的 EMBA 和 MBA 同學、校友講，面向未來的機會和挑戰、面向未來的不確定性，我們唯一可以依賴的就是智慧與勇氣。智慧不僅是學習到目前為止既有的知識，而且還要有一種學習能力，能夠不斷地去學習、認識、理解未來新的知識，而且自己也要親身參與到未來知識的創造過程當中去，才能夠去克服今天還不能感知的困難，創造對今天來說還不確定的解決方案，這才是真正的智慧。面向未來的勇氣也不再是草莽英雄時代的膽量和盲動，而是基於知識、基於智慧的判斷和膽識。勇氣應該是屬於智慧的一部分，是智慧的延伸和溢出，勇氣才能引領我們去冒值得冒的險，開闢不確定的光明未來。

重實例、重實踐、重實戰

｜朱飛達（新加坡管理大學終身教授，Symphony Protocol 創始人）

　　大數據是我們這個時代的新石油，這已經差不多是人盡皆知的事了。隨著人工智慧的日益強大，這新石油的價值和威力也被不斷的提煉開發出來，影響、改變甚至顛覆著各行各業。由此，坊間大數據的各類書籍也層出不窮，八仙過海，各有神通。然而，當高老師請我推薦他的新書，讓我得以有機會提前閱讀後，我還是驚喜於其對大數據深植於商業實踐，尤其是品牌運營的探索、總結和思考。

　　我認為本書有以下幾點特色：

　　1. 重實例。不同於一般大數據書籍中常見的羅列概念、堆砌術語，高老師的介紹循序漸進、深入實際，對每個抽象的概念都輔以豐富具體的案例，娓娓道來，並且在關鍵點加以恰到好處的點評，幫助讀者從日常鮮活而又複雜的商業現象中一針見血地看到其成敗的根本原因。 這在貫穿本書的無數生動案例中處處可見，讀來毫不枯燥，又能讓讀者留有自我思考的空間。

　　2. 重實踐。高老師在兩家行業知名的企業各 12 年「品牌經營」的深厚積累，使得他能把大數據這把利刃真正砍在企業的弱點和軟肋上，如「行銷主管該關心的 9 個課題」和「行銷主管關心的 9 種個人行為」等章節，這些深耕行業多年基礎上提煉出來

的寶貴洞察和犀利視角，是把大數據在眞實商業中眞正運用得宜的決定因素。

　　3. 重實戰。不少大數據書籍富於前瞻，止於分析，讀起來繁花似錦，但對一線從業人員來說，遇到具體工作問題，仍然感覺無從下手。高老師在本書中，深入個人生活工作經驗，把大數據在生活中的應用、在工作中的實踐分享出來，步驟細緻，可操作性很強。如在「經營內容品牌 PRRO 取代 AIDA」這章，高老師用自己在上海工作期間的針對用戶點評提升的具體操作，展示了實際的成功案例。又比如「商業分析 6 步驟」，「6 個 KPI 檢視成效」和「會員經營 4 部曲」，相信能給每個苦惱於如何具體運用大數據驅動的商業智慧的從業人員，帶來啓發和幫助。

　　人類已經進入了數據驅動的智慧經濟時代。如何能讓大數據和商業智慧眞正「以人爲本」，達到「互匯」，「互慧」和「互惠」的境界，這是需要我們每個人一起來思考和努力的，希望大家都能像我一樣，從高老師的這本書中得到收穫。

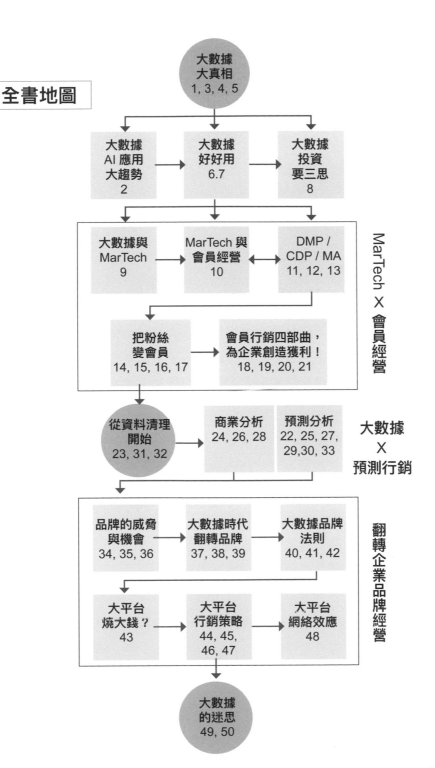

全書地圖

大數據
大真相
1, 3, 4, 5

大數據
AI 應用
大趨勢
2

大數據
好好用
6.7

大數據
投資
要三思
8

大數據與
MarTech
9

MarTech 與
會員經營
10

DMP /
CDP / MA
11, 12, 13

MarTech X 會員經營

把粉絲
變會員
14, 15, 16, 17

會員行銷四部曲，
為企業創造獲利！
18, 19, 20, 21

從資料清理
開始
23, 31, 32

商業分析
24, 26, 28

預測分析
22, 25, 27,
29, 30, 33

大數據
X
預測行銷

品牌的威脅
與機會
34, 35, 36

大數據時代
翻轉品牌
37, 38, 39

大數據品牌
法則
40, 41, 42

翻轉企業品牌經營

大平台
燒大錢？
43

大平台
行銷策略
44, 45,
46, 47

大平台
網絡效應
48

大數據
的迷思
49, 50

自序	以大數據 MarTech 驅動企業數位轉型	5
推薦序	簡潔才是力量 / 陳剛	7
	讓品牌裝上大數據的翅膀 / 黃麗燕	8
	PRRO 與 Uni Marketing 均以數據為動力 / 節遠	10
	給想經營品牌與會員者的真心建議 / 別蓮蒂	11
	因勢利導，脫離極端 / 楊仕名	13
	建構平台品牌行銷金三角的概念 / 陸雄文	15
	重實例、重實踐、重實戰 / 朱飛達	19
全書地圖		21

I. 大數據 × 大眞相

1. 大數據、AI、機器人，有什麼血緣關係？	28
2. 大數據 AI 應用有哪些大趨勢？	32
3. 大數據，其實是一頭大象？	37
4. 瞭解大數據 6 個 V，看到滿地石油	41
5. 大數據分析，是電腦專家才能做？	46
6. 誰是白宮的第一位大數據科學家？	50
7. 非要全壘打球星不可嗎？推翻經驗法則的應用	55
8. 大數據，一定就要大投資？	59

II. 大數據會員經營 × 行銷科技 MarTech

9. MarTech 與大數據有什麼關係？　　　　64

10. 建立在 MarTech 平台上的會員經營　　　69

11. 搜集線上會員數據平台（DMP）　　　73

12. 線上線下會員管理平台（CDP）　　　78

13. 行銷自動化管理平台（MA）　　　　84

III. 大數據會員經營 × 四部曲

14. 還在經營粉絲嗎？直接跟會員溝通才是王道　　94

15. 大數據時代，你一定要瞭解的 6 種顧客　　98

16. 先決定會員類型，再決定如何行銷　　　102

17. 預測行銷不是心理學，而是行為科學　　105

18. 會員經營一部曲：以 RFM 為客群分級　　110

19. 會員經營二部曲：設定分級權益　　　117

20. 會員經營三部曲：創造入會渴望　　　122

21. 會員經營四部曲：會員行銷創造高業績　　125

IV. 大數據 × 預測行銷

22. 大數據預測行銷的幾個重要觀念　134

23. 大數據的商業分析與預測分析　137

24. 商業分析 6 步驟：商業分析要有觀點　141

25. 預測分析 6 步驟：建立精準模型　145

26. 商業分析，行銷主管該關心的 9 個課題　150

27. 預測分析，行銷主管關心的 9 種個人行為　154

28. 商業分析演算法，就能解決 80% 工作難題　158

29. 預測分析演算法，創造另外 80% 的價值　163

30. 如何評估演算法的好壞？　172

31. 大數據分析，從資料清理開始　178

32. 大數據分析，要問對問題　184

33. 預測行銷，6 個 KPI 檢視成效　187

V. 大數據 × 大平台品牌策略

34. 大數據狂潮顛覆 7 個品牌經營觀念　196

35. 大數據時代 4 種產業發展機會　201

36. 企業數位轉型，需要 ABCDEF　204

37. 網絡品牌形塑新經濟　219

38. 4 種平台模式，避免失衡痛苦　223

39. 經營內容品牌 PRRO 取代 AIDA　229

40. 大數據品牌法則：該做品牌電商，還是加入平台？　236

41. 大數據品牌法則：這些東西，別放在網路上賣！　240

42. 大數據品牌法則：網絡品牌，第二名的求生之道　244

VI. 大數據 × 大平台行銷策略

43. 大平台一定要燒大錢嗎？　　　　　　　　　　250

44. 什麼是平台行銷的金三角？　　　　　　　　　253

45. 留住顧客的 UI 設計 8 大原則　　　　　　　　256

46. 讓平台賣家大增的 7 個供給面策略　　　　　　261

47. 讓平台用戶爆發的 7 個需求面策略　　　　　　270

48. 平台行銷的 4 種網絡效應　　　　　　　　　　280

VII. 大數據 X 行銷迷思

49. 大數據行銷的迷失　　　　　　　　　　　　　288

50. 不敗的品牌成功法則　　　　　　　　　　　　292

I.

大數據╳大真相

企業投資大數據,最終有三個目的:
預測推薦、降低成本及提升利潤。

CONSUMER
STORAGE
COMPUTERS MARKETING SAMPLE
BYTES RESEARCH
BIG DATA
BEHAVIOR ANALYTICS TECHNOLOGY
INFORMATION SIZE INTERNET

1. 大數據、AI、機器人，有什麼血緣關係？

　　大數據（Big Data）、AI（人工智慧）、機器人（Robot）、演算法（Algorithm）、機器學習（Machine Learning）、深度學習（Deep Learning）、物聯網（Internet of Thing, IoT）、感測器（Sensor）……，這些名詞，我們似乎每天都會看到或聽到，當人們還搞不清楚是什麼的時候，媒體卻不斷報導我們的工作很快會被取代，讓人們開始愈來愈焦慮！（圖1）

■ 圖 1. 大數據、AI、機器人…… 有什麼血緣關係？

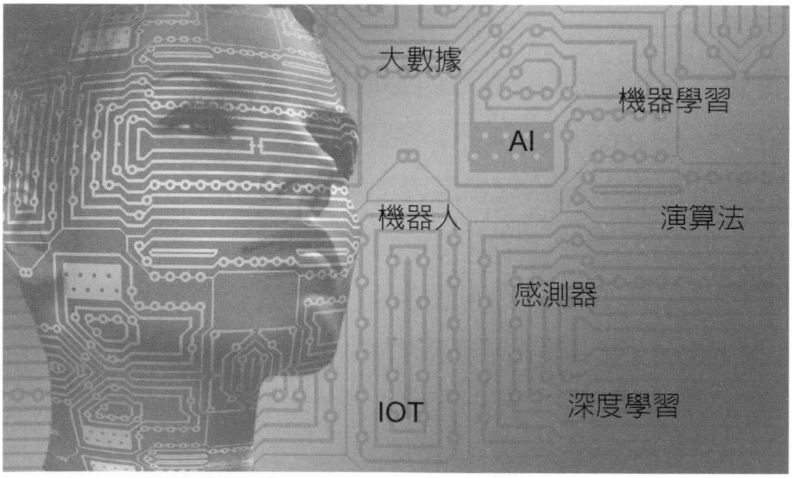

本圖片由 geralt 在 Pixabay 上發佈

我跟大家有一樣的疑惑，但是資訊科學是始終對我有致命的吸引力。可能因為我的第一份工作，是當了四年的程式設計師，也在電腦補習班教了四年的軟體應用。所以我才會在 2016 年，毅然放下工作，去美國進修大數據預測科學。

我一輩子只從事一個工作，就是「品牌」。第一個主要的工作經歷是在奧美集團期間，幫助客戶打造世界級品牌；第二個主要的工作則是在王品集團，努力為自己服務的企業建立多品牌。要能建立品牌，就是要能用簡單的語言跟消費者溝通你的想法，因此現在我想用簡單的語言，幫大家釐清這些名詞的關係。

首先，為什麼機器人會很厲害？因為它裝上了人的大腦，也就是 AI。AI 也有優劣，就跟人一樣，IQ 有高低之別。機器人厲不厲害，就看它的 AI 好不好。所以，如果沒有 AI，機器人就只是「機器」，不是「人」。

其次，AI 如何變得厲害？那就要餵它「吃」大數據，沒有大數據，AI 就不會變強大。**大數據就像 AI 的食物，跟人類一樣，吃進去的食物愈新鮮、愈營養，AI 就會愈健康。**

再者，AI 又如何吸收那麼多的食物？就是用人類學習的方法，也就是所謂的機器學習及深度學習。（詳見 29. 預測分析演算法，創造另外 80%的價值）

還有，AI 又怎麼能將學習的內容轉換成智慧呢？這就要靠演算法了。**演算法決定 AI 如何學習以及學習能力的強弱，因此決定機器人的智商。**但演算法也有很多種，有預測分析的演算法、各類統計演算法、深度學習的演算法等等。每個會寫程式的人，都可能創造自己的演算法。

AI 有了不同的演算法，就有了不同的專長，故 AI 的應用分佈於不同

的領域，如醫療、教育、製造、理財及自駕車等等領域；就如人類的腦袋瓜，每個人都不一樣，有的擅長分析、有的喜歡藝術、有人擅長科學、有人偏愛人文，從事各種各樣的工作。

不過，演算法的好壞，直接影響 AI 的思考及判斷，也就決定 AI 在該領域是否傑出。

2016 年，全球首宗自駕車撞上大貨車的意外[1]，乃因 Tesla 的自動駕駛系統，無法辨識強烈日照下的反光大貨車，導致未即時做出煞車判斷，才釀成大禍；無獨有偶，2020 年特斯拉在台灣國道一號，發生無視路中央橫躺的貨車，筆直撞上去的意外事件。為什麼這麼大一台貨車躺在路中央，特斯拉的 AI 會完全看不見？簡單說，這就是因為演算法從未學習過這類大數據，導致 AI 輔助駕駛系統無法在當下做出正確判斷。

總之，**健康的食物加上聰明的大腦，AI 就有可能做出正確的判斷**；如果判斷錯誤，後果則不堪設想。

現代企業又是如何收集大數據？除了傳統的 ERP、CRM 之外，新的趨勢就是靠網絡、物聯網以及裝設在人們四周圍的各種感測器了，這些就是機器人的手腳。

至於物聯網，就是把生活中的設備連上電腦。這並不是新概念，傳統零售業的 POS 與電腦相連，就是物聯網的例子。只是網路發達，你想到的東西都可以連上電腦，如運動鞋墊連上網路，會提供你的運動頻率、里程數、健康狀況；工廠設備也可以連上網，隨時提供生產的數據、良率及

---

1. Tesla in fatal California crash was on Autopilot (https://reurl.cc/m9QnWA)

設備運轉狀況；家庭用品如體重計、電燈、空氣清淨機也可以連上網，讓你可以隨時掌握家人的健康、監控家庭的環境，以及開關各類家電等等。

當 AI 穿上了人類的「外衣」，長的跟人類一樣，就變成 AI 機器人了。 有一天，當 AI 的外衣跟人類的皮膚有一樣的質感，我們就分不出到底那是人，還是機器人了！

然而，AI 機器人會因為大數據、機器學習、演算法等，變得愈來愈聰明；再透過深度學習演算法，變得跟人類一樣能自我學習。到了那一天，人類的工作到底會不會被替代？

Google 創辦的奇點大學教授霍華得（Jeremy Howard）擔心，未來發展中國家 80% 的工作可能都會被 AI 機器人取代[2]。從無人商店、互聯網法庭、幫醫生讀 X 光片辨認腫瘤、電腦問診開處方、大數據抓恐怖分子等，假設這並非誑語，那麼人類未來何去何從？

根據目前的發展，AI 機器人有一項技能還學不會，就是「問對問題」。例如 Google 可以針對各種各樣問題提供解答，但卻無法問出一個你需要的問題。

所以，未來學習如何「問對問題」，比「給對答案」重要，這也將是你最重要的價值！

✎ **品牌筆記**

> 沒有大數據，就沒有 AI。
> 未來學習如何「問對問題」，比「給對答案」重要。

---

2. The wonderful and terrifying implications computers that can learn. (https://reurl.cc/q8q8zp)

2. 大數據、AI 應用有哪些大趨勢？

現在我們已經知道，「大數據」加「AI」可以創造有各種專長的 AI 機器人，而這個趨勢還只是一個開始。

2020 年的 Covid-19，一場公衛危機，讓全民上網消費，逼得企業也必須上網做生意，更是加速了大數據 AI 的應用！

未來 10 年，大數據 AI 將徹底改變企業的生態，而企業成敗也在於是否能從傳統的經營型態，成功數位轉型。

因此，在大數據 AI 的應用，以下這些大趨勢，你不能不知道：

第一：DQ (Digital IQ) 衡量企業數位轉型指標。 數位轉型不是今天才有的名詞，然而為什麼產業喊得震天價響，企業卻遲遲未能轉型？IQ 是衡量個人智商，EQ 是衡量情商，DQ 則是用來衡量企業數位轉型的落地程度。

DQ 強調的是，在企業整個營運流程中，無論是對內的財務、人資、研發，以及對外的銷售、行銷及顧客管理，到底在什麼環節，使用了什麼樣的數位工具，要非常具體，而且這些數位科技工具有沒有為企業內部帶來生產成本的降低、效率的提升？以及企業外部創造良好的顧客體驗、利潤的增加？

根據 2016 年成立的國際組織 DQ 研究中心 (DQ Institute) 報告指出，DQ 涵蓋了 8 大指標：1. 數位身分認同；2. 數位工具使用；3. 數位安全；4. 數位資安；5. 數位情緒智商；6. 數位溝通；7. 數位素養；8. 數位權益。

數位 DQ 堪稱提供了現代人彎道超車的機會，因爲過去我們用以評估一個人能力的 IQ 與 EQ，都與天賦有極大的關係，一出生就決定了 6、7 成，唯有 DQ 從零開始，人人平等，對企業也是如此。

　　所以 DQ 跟 IQ、EQ 不一樣，DQ 會隨著企業的努力，不斷的提升。企業 DQ 的提升不是一次性的，而是根據數位工具的導入，持續漸進的。

　　第二：數位員工 (Digital Worker, DW) 重塑職場生態。AI 有了大數據之後，未來會不會取代我們的工作？當這個問題還沒有結論的時候，數位員工很快就會成爲辦公室的同事。

　　數位員工並不是指那些懂得用數位工具的員工，而是替我們分攤工作的 AI 機器人。未來各種各樣的數位員工會大量出現，會隨著企業的需要，被「聘請」加入職場，協助我們解決大量、重複，甚至具有思考性的工作。有些是以有形的方式存在，如送文件機器人；有些會以無形的樣態工作，類似現在的 Siri、Alexa 等。

　　未來，辦公室的上班族，每一個人都會配有至少一個數位員工，如何跟數位員工協作，包括瞭解、導入及應用，是未來職場必備的能力！

　　第三：流程智慧平台 (Process Intelligence, PI) 將成爲標準配備。現在我們看到的或者在使用的大部分數位工具或服務，都是一個軟體解決一個問題，沒有辦法管理整個管理流程的痛點，而這個剛好是企業所需要的。這也是 PI 與 BI (Business Intelligence) 不一樣的地方。

　　未來，可以預期會有愈來愈多流程智慧平台 (PI) 因應而生，把每一個端點的服務與數據串接起來，不用像現在需要打開不同的軟體，解決問題。所以，可以把 PI 想像成一個平台，提供一個主要流程的 Total Solution。

　　目前已經有極少數的 PI 平台，例如企業進行會員管理，利用數據管理

平台(Data Management Platform, DMP) 收集網路世界的各種顧客行爲軌跡，如網頁、簡訊、email、Line 的顧客足跡；再結合顧客數據平台 (Customer Data Platform, CDP) 整合了線上及線下顧客交易行爲；未來則有可能整個顧客管理流程會被整合到單一的軟體平台，加入行銷自動化 (Marketing Automation, MA) 功能，建置在雲端，成爲行銷雲服務 (Marketing Cloud)，這也是行銷科技廠商可以努力的方向。（詳見 II 大數據會員經營 × 行銷科技）

第四：大數據 AI 的法令持續進化。美國、中國在互聯網、大數據、AI 的領域突飛猛進，而歐盟在這個領域則明顯的落後。爲了抵制美中兩國在互聯網領域，無底線的在歐洲攻城掠地，歐盟則推出了更多法令來管理數位工具的應用。

2016 年，歐盟頒佈了「一般資料保護法」 (General Data Protection Regulation, GDPR)，主要在保護網路上的個人資料的儲存與應用，然而在大數據時代仍然不夠。

2019 年，歐盟進一步提出影響 AI 發展的道德準則，例如規範透明化、反歧視等。例如企業必須告知消費者背後回答問題的是眞人，還是機器人；如果你的貸款被拒絕了，你有權知道演算法是用了你哪些資料做決策；AI 所用的大數據資料必須沒有性別及種族的歧視，例如因爲數據的偏差，可能造成面試時都偏向僱用男性。

未來，類似的法令，只會愈來愈嚴格，無論是在大數據的應用或 AI 的發展，都是企業必須注意的。

第五：發展假訊息、假影片的辨識系統。你應該已經發現，你轉貼出去或朋友轉貼給你的訊息或影片，被檢舉是錯誤的或是假的，而造成極大

的困擾。ABC 新聞網曾經報導一則歐巴馬批評川普的影片，是假的，重點是影片真假莫辨。

2018 年有一位印度的女記者，報導了克什米爾女孩被性侵事件，兩天後 WhatsApp 瘋傳「她」主演的色情片，因為太逼真了，在印度沒有人相信不是她，讓她聲名俱毀。利用 AI 加大數據後製的假影片、假訊息，作為報復不同意見者、製造風向、打擊政敵、摧毀情敵，開始受到關注。

根據 AI 新創 Deeptrace 的報告，網路上 96% 的 Deepfake 影片，都是合成的色情片。Deepfake（譯為深偽），是一種用於偽造的新軟體技術，透過這個工具，任何人只要稍做學習，就可以製作出一段肉眼難以分辨的假影片到處流傳。

然而有假事件，就會有人開始投入反假、打假：以色列新創 Cyabra，也以其道還治其人之身，利用大數據 AI 演算法揪出 Deepfake 影片；台灣也有新創業者 MyGoPen，提供平台讓消費者查證假消息、假圖片。所以，發展出反 Deepfake、打假事件的工具，將是大數據 AI 發展的另一個必然。

綜觀以上發展，大數據 AI 成為你我工作的一分子，是不可避免的。有人說，它會跟人類協助，創造新的工作機會；也有專家說，它會取代人類的工作，人們會大量失業。

我寧可相信，它創造的工作機會，遠遠低於被它取代的工作，這一代人，必須提前做好準備！

✎ 品牌筆記

> 未來 10 年，大數據 AI 應用將徹底改變企業的生態，而企業成敗也在於是否能從傳統的經營型態，成功數位轉型。

參考資料

1. Top 10 Artificial Intelligence Trends for 2020 (https://reurl.cc/Ldod17)

2. AI guidelines: EU is making AI rules now to avoid a new tech crisis (https://reurl.cc/e8o857)

3. 5 AI Trends to Watch in 2020 (https://reurl.cc/d5o502)

4. Deepfake-Wikipedia (https://reurl.cc/WLoLd7)

5. Cyabra's Weekly #Episode 6: What are #deepfakes? (https://reurl.cc/k0eqjK)

3. 大數據，其實是一頭大象！

還記得 2015 年，全球掀起了一股大數據熱潮，無論是台灣的主流雜誌，以至於世界的媒體，「大數據」（Big Data）都曾登上主流媒體的封面報導。

這個現象，引起我極大的好奇。我工作了近 30 年，為何突然出現這個新物種，而我對它好像有一點陌生。所以，我決定放下手中的工作，到大數據的源頭，去一探究竟。

很幸運的，我申請到加州大學爾灣分校的大數據學程：Data Science and Predictive Analytics。這並不是一個傳統的、充滿數學、資訊的大數據課程，而是整合資訊、統計、企業應用領域，也是爾灣分校第一次開出的課程。學校為了讓這個學程能夠成功，直接找來多位教科書的作者，在課堂上現身說法，當然課後也變成另類的粉絲與作者的見面簽名會。

這一篇，我就要來談談大數據跟我們原來認識的有何不同。

我們都讀過一個成語，叫「瞎子摸象」。一群瞎子遇到一頭象，摸到象腿的人，覺得大象像根柱子；摸到象鼻的人，覺得大象像根水管；摸到象耳朵的人就說，「你們都錯啦！大象，其實像把扇子！」

大數據，就像一頭闖入商業叢林的大象。大家都想知道，「大數據，到底是什麼？」這個問題，問不同背景的專家，回答也不一樣。所以，大數據真的是頭大象，每個人說的都不一樣。（圖 1）

■ 圖 1. 大數據是一頭大象

　　許多人以爲，網路上的數據，才叫大數據，恐怕這就見樹不見林了。大數據主要有四種來源（圖 2）：

　　第一種，是企業內部的數據。 像是企業資源規劃 ERP（Enterprise Resource Planning）系統裡，就有許多企業採購和生產的數據。

　　第二種，是企業從外部蒐集的數據。 像是顧客關係管理 CRM（Customer Relationship Management）系統裡，就有各種關於顧客購買行爲的數據；還有各種官方發布的社會、經濟指標，以及民間組織所發布的市場及消費者研究報告等。

　　第三種，是網路數據（Web Data）。 像是會員登入官網的時間、網友瀏覽網站、在電商購買產品，以及各種網路付款資訊等，都算網路數據。

　　第四種，是網絡數據（Network Data）。 它跟網路數據最大的不同，

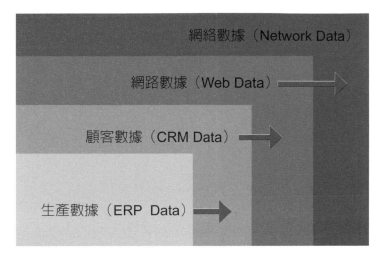

網絡數據（Network Data）

網路數據（Web Data）

顧客數據（CRM Data）

生產數據（ERP Data）

是除了電腦、平板、手機、電視等四屏產生的數據之外，還有物聯網（日常物品或設備透過網際網路連接在一起）、智慧製造等網際網路以外所蒐集到的資訊都是屬於網絡數據。

所以，企業的內部與外部，以及線上和線下，這四種數據加起來，才是大數據的全貌。

有人說，大數據早就存在，我們也已經在使用了，只是講對了一部分的事實，那是傳統的企業內部的 ERP 及 CRM 顧客資料。對於網路公司來說，則偏重在網路上的數據。

現在實體企業也有網路上的分身（如官網、粉絲頁、顧客線上消費行為等），只有整合了企業內、外，以及線上、線下，才能發揮大數據應有的價值，當然也是最困難的一步。

因此，馬雲才說「大數據是未來的石油」，比的是誰先把它開採出來！

✐ 品牌筆記

企業內部的 ERP 與 CRM，以及線上的 Web 與 Network，這四種數據
加起來，才是大數據的全貌。

4. 瞭解大數據 6 個 V，看到滿地石油！

瞭解了大數據的 4 大來源，在整個企業經營過程中，至少構成了 6 個不同階段的大數據，即溯源大數據、生產大數據、交易大數據、會員大數據、行為大數據及展店大數據。

在開始跟你介紹大數據的 6 個 V 之前，我想簡單介紹可能也讓你混淆的一些名詞：**小數據、微數據、厚數據及開放數據。**

所謂小數據 (Small Data) 是相對大數據而言，根本區別在於小數據是以個人為數據收集的對象，全方位深入精確的挖掘、分析與利用，重點在於數據的深度。

微數據 (Microdata) 根據定義，其實就是一種小數據。

厚數據 (Thick Data)[3] 顧名思義，就是挖掘背後的故事、情感、緣由的數據。厚數據雖不「厚」，卻能從少量的數據解析出深刻的意義，可以把它理解為消費者焦點訪談所得到的數據性質。

開放數據 (Open Data)，則是指將原本受私人組織或公部門管理的原始資料，無條件地開放出來供任何人或組織使用的數據。

大數據科學仍然在快速演進中，隨著時間的不同，名詞的意義也會是進行式，以上的解釋只是希望能釐清，你在與大數據相遇的過程中可能的困擾。

---

3. What is Thick Data? (https://reurl.cc/Mdod0X)

接下來，我要來跟你介紹大數據的 6 個 V，尤其是前三項，是經典的大數據特性。（圖 1）

第一個 V 是 Volume，大量。隨著儲存技術的進步以及儲存成本的降低，使我們可以管理天文數字般龐大的資料量。衡量的單位，也從最早的 MB、GB、TB、到 PB、EB、ZB、YB。根據 IDC 的預測，2025 年全球的資料量將達到 175ZB。到底 175ZB 有多大？如果以 2013 年的資料量，用 128GB 的 iPad 儲存並堆疊起來，可以達到 2/3 從地球到月球的距離；到了 2025 年，這個距離的長度將增加超過 26 倍。

大量的意義，在於我們分析資料的方式，不需再仰賴傳統的抽樣統計，而是用大量的數據來驗證市場，縱使有少量的資料有瑕疵，也被大量的數據所稀釋而變得不重要了。

■ 圖 1. 大數據的 6 個 V

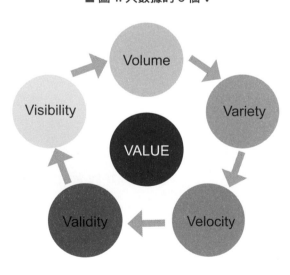

第二個 V 是 **Variety，多樣性。**大數據的資料形式很多，像是數字、文字、圖片、視訊、搜尋行為和線上交易，都會留下數據資料，而這些數據包括了結構化與非結構化的樣貌。數據的多樣性也提升了數據分析上的難度，如何找到多種來源、數據樣貌以及數據間的關係，成為大數據科學家努力的目標。

根據 451 Research 的數據科學家阿斯萊特 (Matt Aslett) 的說法，大數據是「以前因為科技所限而忽略的數據」，現在因為科技的進步，使得大量、多樣性的資料，都能被記錄、分析及處理。

第三個 V 是 **Velocity，速度。**當聯網的設備愈來愈多，人們使用網路的頻率愈來愈高，數據就像打開的水龍頭一樣，每分每秒都在流進資料庫。Google 每天要處理超過 24 千兆位元組的資料、Facebook 500 億張的上傳相片、YouTube 全球的使用者每天在 YouTube 上觀看影片的總時數超過上億小時。

這些龐大數據的流量，你我可說都有貢獻，但是大部分數據的生命週期，從上架到失效也是很快的。企業必須急起直追，學習快速掌握、分析及應用大數據，做出即時決策，回應市場變化。

第四個 V 是 **Validity，正確性。**關於「正確性」，來自網路上的數據挑戰最大，最典型的例子就是同溫層、假訊息、人為操作，甚至機器人回應，造成資料偏差。特別是大數據結合 AI 的快速發展，已經被有心人士用來製作假新聞，帶風向的工具，以前我們說有圖有真相，現在即便是影片也不可輕易相信。

例如應用 Deepfake 軟體技術，很容易就可以製作出一段肉眼難以分辨的假影片到處流傳，而美國前總統歐巴馬批評川普的影片[4]，就是這樣

被製作及流傳的！因此，正確定義資料代表的意義及眞偽，比盲目追逐大量的數據更重要。

　　第五個 V 是 Visibility，可視性。很多人以爲，後台的大數據看不見、摸不著，這其實是不正確的。網路上對品牌的評論，什麼字眼被用的最多？對於文字的資料，可以文字雲表示，被用的最多的文字會被放大來表示；對於數字的資料，則有更多的大數據視覺化軟體可以應用，如 SAS VA、Tableau，以及 Microsoft 的 Power BI 等。

　　所以，資料其實可以透過視覺化軟體的分析與呈現，變成各種豐富的圖表，讓你看得見、也感受得到，冷冰冰的數字，就變成有意義的訊息了。

　　第六個 V 是 Value，價值化。你擁有了數據，還要知道怎麼發揮大數據的價值，否則投入龐大資源買設備、建系統，就沒有意義了，這也是實踐大數據科學，企業普遍感到最困難的部分。大數據要產生價值有兩方面，一是用在商業分析，二是用在預測分析。（詳見 IV. 大數據 × 預測行銷）

　　商業分析重視大數據分析、觀點與方案的提出；預測分析則重視大數據預測模型的建立、預測的準確性。因爲大數據科學的興起，分析的主軸正在由商業分析，逐漸進入預測分析的時代。

　　這六個 V 中，前面三個 V 可以說是大數據的本來面貌；後面三個 V，是經過加工後的特徵。也就是說，只有大數據的六個 V 全部被呈現出來，我們才看到眞正大數據，也就是滿地的石油了！

---

4. When seeing is no longer believing. (https://reurl.cc/6lRl0y)

✏ **品牌筆記** ·············

只有大數據的六個 V 全部被呈現出來,我們才看到真正大數據,也就是滿地的石油了!

5. 大數據分析，是電腦專家才能做？

　　我從加州大學進修大數據回來後，接到政治大學企管系邀約，要去開設大數據行銷課。「你要去教大數據？」一個朋友知道後，竟然連續問了我兩次，很意外的樣子。

　　當下我也反應不過來，他為什麼會有這樣的疑問？回家的路途中，忽然間想起我在爾灣分校進修時，教授說過的一席話。教授當時說，**大數據是一門跨領域的知識，涵蓋了資訊科學、統計演算以及商業實務。**（圖1）

　　因為大數據有很多的面貌，時下大部分人認為大數據科學是跟資訊科學畫上等號。由於我不是念資訊或資工的，所以才會有這樣的誤解。我還

■ 圖 1. 大數據分析需要跨領域的知識

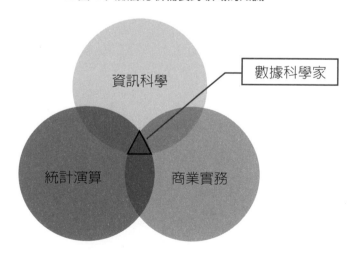

記得在進修時，有同學問我：「你好勇敢喔，來念大數據科學！」聽起來是說，你是念商的，是不是跑錯地方了？

沒錯，課堂上的內容的確涵蓋了統計與資訊軟體的應用，但是如果沒有商業實務，那些也只是演算法加工具罷了。

所以，以為電腦專家、統計學家，才能從事大數據，這誤會可真大啊。

因為多年的工作經驗，讓我急於弄清楚在企業導入大數據專業，到底誰該來主導或主持這個工作？是電腦工程師、統計專家，還是具備產業知識的經理人？所以在課堂上，我跟教授請教了這個問題。

記得教授當時說，如果要電腦專家幫你做大數據，他會先開列軟硬體清單，建置一套高深的系統，但卻不知道要分析什麼。（這不禁讓我想起，20 年前企業要導入 CRM，電腦公司也要企業買一堆硬體設備。驚！）如果要統計專家做大數據，他可能會建立一個演算模組，產出 100 張報表，但不確定哪一張才有商業價值！

所以，大數據科學，不是一門獨立的學問，涵蓋資訊、統計與產業這三種知識的交集。這三種專業中，最困難、最耗時的，就是產業知識及實務經驗的養成。這幾乎無法靠課堂學習，只能在工作中，一年年、一步步地累積。

因此，**最有價值的大數據人才，就是具有產業經驗、同時具有基礎統計知識、也會使用大數據分析軟體的專業經理人。**

回來台灣後，也有些人想投入這個領域，常問我：「Simon，我沒碰過電腦和統計，會不會很難學啊？」

這個問題，其實不難。許多複雜的統計演算法，都已經發展成大數據軟體，像是 KNIME、WEKA、Power BI、Tableau，還有大家比較熟悉的

SPSS、SAS、Statistica 等。大數據的應用軟體，其實比我們想像得多，而且已經發展很成熟了，你不需要再學寫複雜的程式或統計公式了。

至於統計，最重要的是基本觀念。比如說，你只要知道，迴歸分析的目的，是找出兩個變數之間的相關性，用一個變數來預測另一個事件，再不需要你寫出公式來證明了。

舉例來說，商業上最常使用迴歸分析的時機，就是找出價格與銷售的關係。你一定知道，打折，銷售會增加；漲價，銷售就減少。但是，打幾折，銷售增加最多？漲多少價，能降低成本，銷售又不至於減少太多？這，就要靠大數據分析了。

如果你有零售業的行銷經驗，又有統計知識，就知道可以用銷售資料跑張報表，看看「銷售量」與「價格」之間的變化關係。接著你可能會發現，南部的分店對價格敏感度較高。

這個時候，產業經驗就派上用場了。有經驗的行銷經理，就會在南部市場做降價促銷，北部市場就推出高價值的產品及包裝。

所以，在大數據時代，實務工作者就站在領先起跑點。只要再充實基礎統計與電腦知識，很有機會成為炙手可熱的大數據專家。

當然，企業推動大數據專案，也可以是由資訊專家或統計專家來主導，重點是這類專家也需要具備跨領域的基礎知識，或者與實務領域的經理人密切合作，來瞭解及解決商業的問題。

我曾透過美國的求職網站（indeed.com），做了一個小小的研究，瞭解各類行銷人員，包括直效行銷、數位行銷和大數據行銷等的社會新鮮人，哪一種人才的起薪最高？

答案是大數據行銷，年薪高達 6 萬 5,000 美元，足足比數位行銷多了

3 萬，更是直效行銷的 2.2 倍。

　　總之，想搭上大數據行銷高薪的列車，你不需要變成電腦專家，最重要的是商業實務的養成，也就是在工作上要能深耕自己的專業領域，藉助大數據應用軟體工具，你也可以來做大數據採礦了！

✐ 品牌筆記

最有價值的大數據人才，就是具有產業經驗、同時具有基礎統計知識、也會使用大數據分析軟體的專業經理人。

6. 誰是白宮的第一位大數據科學家？

　　大數據的熱潮不只在民間，也延燒到美國政府！歐巴馬時代，美國僱用了印度裔的帕蒂爾（DJ Patil）成為白宮首位大數據科學家，也是全球第一位進入政府核心機構工作的大數據科學家。

　　帕蒂爾在 2015 加入歐巴馬的管理團隊，主導開放政府數據庫，透過聯邦政府開放數據的入口網站 **DATA.GOV，開放給大眾的數據資料集已超過230,267 筆**[5]**，涵蓋教育、製造、能源、健康、消費等 21 個類別**（圖 1）。

■ 圖 1. 美國政府開放數據（http://www. data.gov）

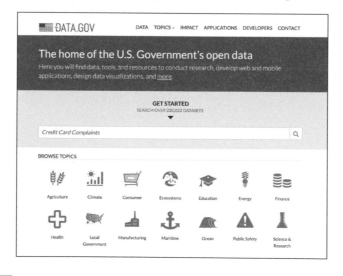

5. https://www.data.gov/, 資料統計截至 2020 年 10 月 18 日。開放資料集比一年半前（2019 年 3 月 8 日）多了 7 個類別，但是資料集反而減少 15,854 個。

他同時也應用開放數據，協助政府制定有關衛生、犯罪、社會政策，並不斷擴大應用範圍。

你會問：「開放政府資料對老百姓來說有這麼重要嗎？」美國已有不少民間機構或個人利用 DATA.GOV 的開放數據，開發出創新的服務：像是美國兩位急診室醫師利用開放數據的健康資料集創立 iTriage，只要在手機或電腦輸入症狀，iTriage 背後的龐大資料集就能分析並提供醫療建議，而且還列出附近的醫療機構名單。

再舉個例子，汽車導航是現代人不可或缺的應用工具，但汽車導航的核心技術 GPS（Global Positioning System）一直是美國的國防戰略資源，直到 1980 年代才逐漸開放給民間使用，也才催生出 GPS 的龐大商機和應用服務。

所以帕蒂爾認為，一個社會的成功關鍵因素，決定於人們是否可以從工作場所以外的地方，取得足夠的數據。不難理解，**人們可以從開放的數據，找到創新與創業的機會，促進整個社會的進步與繁榮。**

我們從美國聯邦政府資料庫入口網站 DATA.GOV，可輕易下載美國政府機構蒐集的消費者抱怨資料，還可透過 Excel 或包括 KNIME、Tableau 等大數據分析軟體進行讀取，直接進行數據分析及研判，從中發想創新解決方案。

DATA.GOV 鼓勵人們一起去提升開放數據的品質，包括為數據抓 "Bug"、清理不一致的數據欄位，提供各種下載格式，讓大數據軟體可直接讀取分析，使用者不用再花大把的時間再去整理原始資料。除此，DATA.GOV 的設計，是一種雙向互動的概念，使用者還可以反饋數據的問題、索取最新的數據、甚至私訊給該單位。同時也歡迎人們上載已完成的

分析報告，但前提是能夠跟所有的人分享。

我們也觀察到台灣政府也建置政府資料開放平台（data.gov.tw），現在也有超過 46,701 資料集，涵蓋 18 個類別[6]（圖 2），包括空氣品質、不動產實價登錄、政府預算、選舉結果等等。

開放數據是由英國一家非營利組織「開放知識基金會」（Open Knowledge Foundation）於 2004 年所推動，目的是希望在大數據時代，透過各種數據的開放，包括政府數據、公共研究或文化內容等，來促進公民社會的建設、公信力的增強及創新產業的發展。

開放知識基金會近年來，每年都會制定「全球開放數據指數」[7]，從

■ 圖 2. 台灣政府開放數據（http://data.gov.tw）

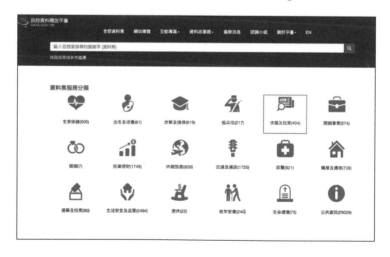

---

6. http://data.gov.tw/, 資料統計截至 2020 年 10 月 18 日。開放資料集比一年半前（2019 年 3 月 8 日）多了 6,934 個資料集，類別數量不變。

7. Place overview (https://reurl.cc/Kjo0l9)

13 個類別包括政府預算、政府支出、立法內容、選舉結果、氣候預測、污染排放、公司註冊等，對參與的地區或國家進行評比。

根據這個組織的最新統計，2017 年台灣數據開放指數在全球 94 個參與的地區與國家中名列第一，領先日本、美國、德國、法國等先進國家。

這個組織的宗旨也提到，開放的數據要能被人們輕易找到和理解，也要能夠被自由、免費使用、加值、重新發佈，而不限制其身分、地點和目的。

在美國進修大數據預測科學期間，爲了研究的需要，我瀏覽了包括台灣及部分國家的政府開放數據，發現有一些參與者只是把公開的報告，直接上傳到開放平台，除了瀏覽、下載，你完全無法用大數據軟體來重製、整理或分析，產出更有意義的觀點，達到促進社會創新的目的。

所以，該組織的創辦人波洛克（Rufus Pollock）就直言，爲了達到眞正實現開放數據的價值，政府不應該只是將資料表格或書面報告直接上傳到網路上，而是需要做更多的工作。

政府開放數據需要大數據科學家來協助，就如美國一樣，開始僱用有企業背景的大數據科學家，來推進數據的公開化。

開放數據就像是由政府做莊，政府像是國家最大的市調公司，只是這家「市調公司」過去未曾公開原始數據，現在好不容易開放了，等於過去從未開發的豐沛油田，正式公開給全民。

大數據的開放及應用，已經成爲國家競爭力的一部分，未來一定會有更多的政府機構，聘請大數據科學家，進入政府機構，來協助制定數據政策，提升國家整體競爭力！

人們可以從開放的數據，找到創新與創業的機會，促進整個社會的進步與繁榮。

7. 非要全壘打球星不可嗎？
推翻經驗法則的應用

大數據有 6 個 V，最後一個 V，Value 是最重要的，如果大數據沒有辦法創造價值就失去存在的意義，而它的意義則在於應用！

這一篇，我要來談談大數據的應用。大數據在應用上有三個優勢：

第一，幾乎適用任何產業；第二，推翻經驗法則；第三，以終為始，目標明確。

首先，是《紙牌屋》（House of Cards）的經典案例，這部描述美國政壇鬥爭的影集，是網路影片平台 NETFLIX 的原創內容。推出 4 年，已獲得 30 多項艾美獎提名，包括最佳影集、最佳男女主角等大獎，是第一個獲得主要獎項的網路影集。

其實，紙牌屋也是大數據的產物。2013 年，這部影集剛推出前，NETFLIX 全球只有 3,300 萬會員[8]，2019 年正朝著 1 億 5,000 萬會員邁進[9]。

NETFLIX，是怎麼從這個巨量線上觀眾資料庫淘金的呢？

當時，《異形 3》（Alien 3）、《社群網站》（The Social Network）導演大衛芬奇等人，正在籌拍美國版的《紙牌屋》（House of Cards），向電視台兜售版權。NETFLIX 從用戶大數據中發現，喜歡 1990 年代 BBC 版《紙牌屋》的觀眾，也是導演芬奇（David Fincher）與演員史貝西（Kevin

---

8. House of Cards' made Netflix a powerhouse. What now? (https://reurl.cc/GrOpVD)
9. Netflix adds 9 million paying subscribers, but stock falls (https://reurl.cc/R1me1G)

Spacey）的粉絲。

於是，當其他電視台都要求看過試播再買下版權，NETFLIX 卻僅憑著數據，一口氣就投入一億美元，買下兩季版權。一播出，就帶進 300 萬新用戶，其中 200 萬來自美國，100 萬來自海外。

《紙牌屋》打破了許多人對影集的成見，像是要有俊男美女、要有愛情戲等等。靠著大數據，找來 20 多年沒演電視影集的凱文史貝西當男主角，看起來像是場豪賭，結果卻中了大獎。

第二個例子，是 2011 年搬上大螢幕的電影《魔球》（MONEYBALL），敘述美國職棒奧克蘭運動家隊的真實案例。

2001 年，奧克蘭運動家隊預算緊縮，球星又被挖角。總經理比恩（Billy Beane），情急之下，找來耶魯大學經濟系畢業的布蘭特（Peter Brand）商討策略 10。

傳統上，挖掘球星，靠的是球探的經驗與直覺，有的球探看全壘打數，有人則重盜壘能力。明星球員的薪資都是天價，但運動家隊真的很窮，全隊球員薪水，只夠付一個洋基隊的明星球員。

怎麼辦？奧克蘭運動家隊認為，贏球的關鍵不是有多少明星球員，而是有多少上壘數。於是，布蘭特先用數學模型，算出要進入季後賽所需要的上壘數，再利用大數據，找出最容易上壘，但價值卻被低估的球員，進行挖角。

結果超乎預料，這支陽春球隊竟然創造了 20 連勝，追平了大聯盟的歷史紀錄。

---

10. Moneyball (film) - Wikipedia (https://reurl.cc/WL7NE5)

奧克蘭運動家也是靠著數據，找出高 C/P 值、優勢明確的球員，才能用最小的投資，創造最大的勝率。

換句話說，大數據為上百年的運動與影視產業，帶來了破壞式創新；對於上個世紀才出現的科技業、連鎖零售業，影響更大了。

第三個例子，是台灣製造業巨人——台積電，對於生產大數據的應用。

2016 年，《天下雜誌》就曾經報導，台積電透過大數據分析，一年就可以為公司節省 NT$4.25 億元 [11]。台積電前董事長張忠謀透露，台積電能提高效率、縮短工時，就是利用大數據分析。應用大數據，讓工程師把時間花在刀口上，多做有附加價值的分析與判斷，不做低階的資料蒐集，最後讓工程師能迅速做出決策。

最後，再來看看大數據在零售業的應用，如何顛覆你我的想像。

美國著名百貨公司 Target，有個著名的案例。一位父親發現，就讀高中的女兒竟然收到 Target 百貨寄來的孕婦裝及嬰兒用品折價券，一時火冒三丈，氣的到店裏去大罵店經理 [12]。店經理為了消除這名顧客的怒氣，幾天後打電話去致歉，電話中這名父親反而羞愧的向店經理說對不起，還說女兒的預產期就在 8 月，請再多寄一些相關資訊給他女兒！

原來 Target 百貨應用顧客資料，以終為始，建立了一個孕婦大數據預測模型，透過這個模型可以相當準確的預測顧客行為：當女性顧客開始購買鈣、鎂營養補充品時，很可能是懷孕了。沒想到，透過大數據，百貨賣場比父親還早發現家裡的變化。

---

11. 他的大數據系統讓台積電良率打敗三星 (https://reurl.cc/7omdrk)
12. How Target Figured Out A Teen Girl Was Pregnant Before Her Father Did (https://reurl.cc/9Xa35v)

大數據，除了可以應用在《紙牌屋》的娛樂產業、《魔球》的運動行銷、「台積電」的製造業、「Target」百貨的零售業，還可以應用在醫療診斷、教育推廣及國家安全等領域，因此幾乎沒有一個行業可以說不適用大數據的！

　　你的產業，可以怎麼運用大數據？你想透過大數據，達成什麼目的？希望透過這四個案例，能夠為你帶來思考的起點！

🖋 品牌筆記

大數據在應用上有三個優勢：第一，幾乎適用任何產業；第二，推翻經驗法則；第三，以終為始，目標明確。

8. 大數據，一定要大投資？

曾經有好幾家企業問我，「我們想導入做大數據，好多廠商來兜售據說可以做大數據的軟體及硬體，動輒上百萬，實在買不下手！但不投資，又擔心會落伍；要買，又得花很多錢。到底該不該買呢？」

這讓我想到 20 年前，CRM，也就是顧客關係管理，一度大流行。一開始，硬體跟軟體廠商主導了這個市場，很多公司還不知道 CRM 是什麼，就被廠商說服買了一堆軟、硬體，最後都沒有發揮投資的功效，白白浪費了一大筆的冤枉錢！

我問其中一家規模不小的企業，「你投資大數據，到底想要得到什麼呢？」

對方說：「想分析顧客資料呀！」

我進一步問他：「你有多少筆的顧客資料？其中，又有多少是有效的呢？」

她說：「資料不多，大概不會超過兩萬筆，但是很多資料都不完整……。」

這就是問題所在了。**投資大數據，企業要先自問兩個重要的問題：第一，你要解決什麼問題？第二，你已經有資料集（Dataset）了嗎？**

第一個問題，就是企業的投資目的。

企業投資大數據，最終有三個目的：預測、降低成本及提升利潤。降低成本及提升利潤，又可以透過預測分析來達成。

大數據投資在目的上，B2B 的企業如製造業，著重在應用大數據分析改善流程、降低生產成本；B2C 的企業如零售業，著重在應用大數據預測行銷，增加銷售，提升利潤。（詳見 Part IV . 大數據 × 預測行銷）

　　無論是要達成哪一個目的，或者要解決哪一個問題，都先要想清楚。想清楚了，就知道要收集什麼資料？解決問題並非得投資新的電腦軟、硬體設備不可！事實上，80% 的商業問題，都可以透過傳統的工具及商業分析方法，像是 Excel 之類的軟體來解決。

　　第二個問題，是數據分析的內涵。

　　大數據分析的資料，通常有兩種來源：一是企業內部及外部的資料，例如來自 ERP 的生產資料及 CRM 的顧客資料；二是網路及網絡資料，包括來自網站及物聯網的連結資料。

　　此外，要確認資料是否在有效期內。很多企業都說收集了很多資料，一問之下，才知道大部分資料「歷史悠久」，欄位並不完整。

　　基本上，超過一年以上的不活躍資料，都沒有意義。有一家便利超商，過去收集了 190 萬筆顧客資料，但要導入大數據分析時才赫然發現，很多資料都有遺漏，根本無法分析，最後只好整個資料庫砍掉重鍊。

　　而每一次我主持大數據論壇都會有人問：我們是新公司，現在沒有資料，該怎麼辦？

　　很好，就好好回答第一道題目：「你要解決什麼問題？」然後，思考你需要什麼資料？從現在開始收集，都會是有用的資料。

　　大數據的投資，大致可分成三方面：架構大數據的硬體設備、大數據分析軟體，以及人才。

　　第一，硬體系統投資。其實，大多數公司都不像 Facebook 或 Amazon

需要投資大量硬體及系統軟體；一般的企業，只要租用雲端儲存及運算即可。

其次，大數據分析軟體，則可以分為三種：商業分析、預測分析及視覺化應用軟體。很多統計方法及繪圖功能，都已經寫進軟體裡頭了。例如，視覺化軟體就有 Tableau 及 Power BI 等，Power BI 還可以免費下載。

第三，大數據分析人才，也就是數據科學家（Data Scientist），需要同時懂得電腦應用、統計原理及商業實務。所以，我們需要跨界的人才，而這種人才很欠缺、很難找。在美國，大數據行銷人才的起薪更是同類職務的 2.2 倍。

總之，企業在投資大數據之前，應先做三件事：第一，鎖定目標；第二，收集必要資料；第三，投資人才。確認這三件事，再來決定要投資什麼軟硬體設備，才不會花大錢做大數據時代的冤大頭。

最後，期待你能把錢花在刀口上，進入大數據的實體應用！

✐ 品牌筆記

投資大數據，企業要先自問兩個重要的問題：第一，你要解決什麼問題？第二，你已經有資料集了嗎？

大數據會員經營 × 行銷科技 **MarTech**

在大數據時代，消費者足跡從實體店面來到線上——
MarTech 整合行銷科技平台：DMP-CDP-MA。

9. MarTech 與大數據有什麼關係？

　　看到題目，也許你會問 MarTech 是什麼新物種？跟大數據，甚至跟建立品牌有什麼關係？在解答這個問題之前，我想跟你從廣告代理商聊起。

　　19 世紀第一家廣告代理商成立之後，就逐漸構成了一個很緊密的行銷傳播生態系統，當中除了廣告代理商，還包括廣告主、大眾媒體（電視、報紙、雜誌、廣播）、平面及影片製作公司等，廣告代理商可以說在過去將近 100 年，成為這個生態系統的主導者，透過這個生態系統，企劃活動、製作內容、傳遞訊息，為客戶（廣告主）建立品牌。

　　然而，互聯網的崛起，徹底顛覆了這個產業，尤其是行銷科技 (Marketing Technology, MarTech)！2010 年後的 10 年，MarTech 大爆發，以科技為導向，構成一個新的行銷傳播生態系統，而這個系統恰恰是大數據誕生的溫床 [1]。大數據時代，不只廣告代理商，所有的企業都需要重新再學習；因為有很多的例子告訴我們，行銷科技就是企業數位轉型的最前線。

　　根據資訊科技研究顧問公司 Gartner 的調查，行銷長 (CMO) 的預算已有 1/3 用於行銷科技，比支付給傳統廣告代理商的金額還高 [2]，而其中投資占比最高的是大數據分析工具，約占 32%。行銷長對行銷科技的發展及應用，未來在 AI 及大數據的加持下，仍然保持樂觀的態勢。

---

1. Making the US Marketing Ecosystem Work for You (https://reurl.cc/Y6pq9o)
2. 4 Key Findings in the Annual Gartner CMO Spend Survey 2019-2020 (https://reurl.cc/KjRlQp)

那麼，什麼是 MarTech ？有什麼權威的定義嗎？

根據 MarTech 的先驅布林克爾 (Scott Brinker) 定義，MarTech 一詞是指可應用於多種計畫、努力及工具的科技，進而達成行銷的目標[3]。簡單說，MarTech 是用於達成行銷目標的科技工具或軟體。

他進一步指出，由於 MarTech 的演進，它已經不再是一項科技的代名詞，而是同時具備行銷及科技專長的「行銷科技人」(Marketing Technologist)。因此，**行銷科技人，可以是懂得應用科技的行銷人，也可以是具備行銷知識的科技人，也就是懂得應用兩者的專長，形成一項新的、強大的專業能力。**

2011 年至 2020 年，可以說是 MarTech 的第一個黃金 10 年，是 MarTech 產業成形，也是孕育行銷科技人的 10 年。

MarTech 又涵蓋了哪些行銷科技？

美國是最早編定 MarTech 地圖的國家，在 2011 年 MarTech 的科技工具不到 150 個；到了 2021 年編制時，MarTech 已經大幅度增加到 8,000 個以上，涵蓋了 40 個類別[4]。（圖 1）

目前有編列 MarTech 的國家，還有加拿大、英國、德國、瑞典、芬蘭，當然還有中國。各個國家因應自身的軟體科技能力及市場狀況，所編制出來的 MarTech 地圖，呈現的豐富度也不一樣。以中國的 MarTech 地圖而言，涵蓋了 6 大類：廣告技術、數據分析、內容體驗、互動關係、營銷雲及交

---

3. The term "MarTech" applies to major initiatives, efforts and tools that harness technology to achieve marketing goals and objectives.
4. https://chiefmartec.com/2020/04/marketing-technology-landscape-2020-martech-5000/

易支付。從下圖你可以看到，每一個大類還包含1~7個不等的子類[5]。（圖2）

■ 圖 1. 美國 MarTech 發展

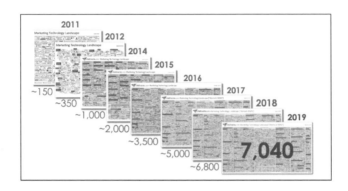

■ 圖 2. 中國 MarTech 地圖

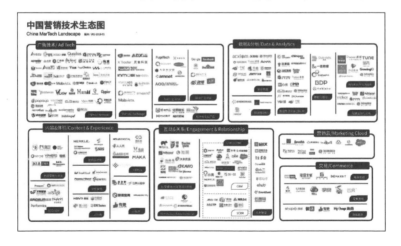

---

5. 中國營銷技術生態圖 (https://reurl.cc/N69l0e)

我們談到的大數據分析及預測工具，就是屬於「數據分析」這一類。所以，MarTech 涵蓋的數位工具更多。你在工作中所用到的數位行銷工具，則是屬於「廣告技術」這一類。也就是 **MarTech 本質上是行銷科技，支援各種各樣的數位行銷，因數位行銷而延伸的大量數據，可以用來做大數據分析及預測行銷。**三者呈現如下的關係：（圖 3）

■ 圖 3.MarTech、數位行銷、大數據行銷關係

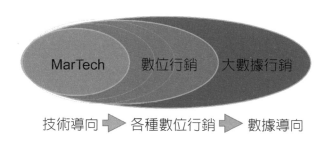

到了 2020 年，我們還沒有建立自己的 MarTech 地圖，然而不代表企業沒有在使用 MarTech。MarTech 地圖是一個行銷科技工具的指引，當企業要導入數位科技時，可以按圖索驥，快速的找到該領域有哪些行銷科技可以應用，對於推進台灣企業數位轉型，將有很大的幫助。

目前我看到的現象是，台灣的企業對行銷科技所知不多，而台灣的行銷科技廠商則對企業科技行銷的需求瞭解有限，兩者缺乏橋樑。Covid-19 後，企業面對的再也不是以前熟悉的世界，企業藉助 MarTech，進行數位

轉型，成爲當務之急！

　　由於深深有感於 B2C 企業與行銷科技，存在著巨大的落差，所以我們幾個志同道合的朋友，共同發起成立了一個協會：亞太行銷數位轉型聯盟 (Asia-Pacific MarTech Transformation Alliance Association, AMT)[6]，希望結合亞太區的人才及資源，從 MarTech 的辨識、確認、推廣、應用，協助 B2C 企業克服企業數位落差，對接行銷科技廠商，導入行銷工具應用，幫助企業建立傑出品牌。

　　當我們設定這些目標後，老天不從人願，疫情在 2020 年 2 月大爆發，但是疫情並沒有阻斷我們的決心，於是把會議轉到線上，4 個人總計至少開了 96 次的會議，用了至少 300 個小時。歷經一年的籌備，AMT 協會於 2021 年 1 月 21 日，召開第一次會員大會，邀請產、官、學、研代表共同參與，包括行政院政務委員唐鳳、工業局長呂正華、王品集團副董事長李森斌致詞，宣告 AMT 協會正式成立，開始爲台灣企業數位轉型而努力！

　　在成立當天，AMT 協會同步發表三個研究成果與計畫：第一，同步先進國家發表第一版的台灣行銷科技地圖 (Taiwan MarTech Landscape v1.0)，分六大類包括廣告技術、內容體驗、社群關係、商業與銷售、數據分析、流程與管理，涵蓋近百家在台灣的科技廠商與工具，未來企業將可以根據需要，選擇適合的行銷科技，爲數位轉型之用。

　　其次，AMT 協會也發表了企業新 5 力量表，用以衡量企業數位 IQ (Digital Quotient Index, DQI)。DQI 是 AMT 協會根據外國機構的研究，結合本國企業實際的狀況，經學者、專家多次討論制定，主要用以評估企業數位轉型的能力與執行力。本量表歡迎企業填寫[7]，AMT 協會將在累積足夠的大數據後，發表台灣企業數位轉型報告。如果你是 AMT 協會會員，將

取得總體測量結果，以及針對個別會員公司在產業數位轉型的相對位置的比較與建議！

再者，AMT 協會也提出數位種子師資培訓計畫 (Train The Trainer, TTT)。由於數位科技進步迅速，學校教育與產業人才需求落差越來越大，直接影響企業數位轉型的能力與效率，間接影響台灣品牌的國際競爭力！

另一方面學校的教材來不及更新，企業要的數位人才稀缺，為了克服學用落差，AMT 協會決心從教育著手，攜手產業研究單位、行銷科技廠商，編定行銷科技教材，培訓大專院校院校商管學院師資，再由大專院校師資培訓在校學生，取得 AMT 協會的認證後，即可成為企業優選的行銷科技人才！

🖉 品牌筆記

> 大數據時代，不只廣告代理商，所有的企業都需要重新再學習；因為有很多的例子告訴我們，行銷科技就是企業數位轉型的最前線。

---

6. AMT 協會扮演企業數位轉型的平台，讓企業認識行銷科技，也讓行銷科技業者瞭解企業需求。如果你是 B2C 的企業，歡迎加入 AMI 協會成為會員，如果你是行銷科技業、行銷傳播業、顧問服務業、媒體代理業、資通訊企業等乙方企業創辦人、CEO、執行長、高階經理人，歡迎加入 AMT 協會成為支持夥伴，一起為企業轉型盡力，為提升台灣競爭力努力。http://www.amt.org.tw/
7. https://docs.google.com/forms/d/e/1FAIpQLScmPo7SpuK31_8n0FG4epx3JwyfrTJwIB150hjb_QisnjUmRg/viewform

10. 建立在 MarTech 平台上的會員經營

想到會員經營，你可能會想到 20 年前大流行的顧客關係管理系統 CRM (Customer Relationship Management)！是的，當初有很多的企業買了 CRM 系統，按理說目前應該有很多公司已經可以把會員經營做得很好。

事實並非如此。

今天，單純的實體會員經營已經無法滿足企業的需要。因為，眼前的顧客不只來到店裡消費，也到網路上留下足跡。如果你只記錄實體的顧客行為，那麼企業只能瞭解半個顧客，另外一半你不知道他是誰？只有線下線上的顧客行為同時被記錄，你才能描繪顧客的全貌。

在大數據時代經營會員，你不能只記錄手中的顧客交易資料 (稱為第 1 方資料)，還要同時記錄對品牌有興趣的第 2 方、第 3 方消費者資料。第 2 方及第 3 方資料，是因應網路而產生的消費者足跡。如果你的產品上架到電商平台如 MOMO、Amazon、UberEats 等，而取得平台提供的顧客導流數據，稱為第 2 方數據。如果你投放數位廣告，取得潛在消費者對你品牌官網、粉絲頁關注的數據，就是匿名的第 3 方數據。

重點是 MarTech 可以做到這些嗎？

目前我們看到的 MarTech 工具很多，然而大部分都是處理單一功能，如廣告投放、數據分析、視覺化等。然而，你還記得我在「大數據、AI 應用有哪些大趨勢 p.32」一文跟你分享到，流程智慧平台 (Process Intelligence, PI) 嗎？

科技行銷業者爲了把單一功能的 MarTech 服務串接起來，解決企業的問題，減少企業應用 MarTech 的困擾，愈來愈多公司提供**整合功能的行銷科技平台，可以一次解決線上線下的數據收集、顧客管理、內容預設、廣告投放及數據分析等。**

　　這一類的數據管理平台，還在不斷的精進中，提供愈來愈多的整合功能，如 SAS Viya 是大數據與 AI 一站式的分析平台，可以執行數據準備工作、可視化分析、預測模型建構、會員分群側寫 (沒錯，是平台自動提供文字描述)，變數影響力說明，甚至可再針對特定客群進行深度分析。

　　台灣 MarTech 企業「叡揚」，也有一會員管理平台 Vital CRM，可以整合第 1 方及第 2 方的顧客資料，透過顧客線上的行爲軌跡、喜好、人脈網絡，爲顧客貼標分群，提供商業分析，同時可以應用簡訊、LINE、eDM多種管道，提供服務、定期關懷、顧客推薦等。

　　從以上兩個例子，你應該發現**傳統的 CRM 會員經營，已經進化到整合行銷科技平台**。在實體時代，CRM 的經營透過實體的交易收集顧客數據 (如在 POS 註記或在門市填寫顧客資料)，然後輸入到顧客關係管理系統 (CRM) 進行數據分析、顧客分群，最後再根據活動需要匯出顧客名單，進行資料庫行銷 (Data Base Marketing, DBM)，如 DM 寄送。

　　在大數據時代，消費者足跡從實體店面來到線上，對應 POS-CRM-DBM 的工具進化到 DMP-CDP-MA （圖 1）。以下先簡單跟你介紹這三個 MarTech 整合行銷科技平台，後續文章再分別說明每一個平台的功能及應用。

　　所謂 DMP (Data Management Platform)，就是數據管理平台。DMP 用以彌補無法收集線上消費者數據的缺憾，讓你可以輕鬆的獲取對品牌及產

■ 圖 1. 以 MarTech 經營會員

品有興趣的潛在顧客的行為軌跡，並進行匿名的記錄及追蹤。

CDP (Customer Data Platform)，就是顧客數據平台。CDP 整合了原來第一方的實體顧客數據，再加上 DMP 平台所收集的第 2 方及第 3 方顧客數據。所以 CDP 涵蓋了 CRM 的數據，這也就是為什麼 CDP 可以描繪 360 度的顧客圖像，而傳統的 CRM 只能描述實體顧客的樣貌。

MA (Marketing Automation)，就是行銷自動化。MA 取得了 CDP 的數據，可以對選定的顧客群進行自動化行銷，如自動化訊息 APP 推播、智慧客服自動化訊息回應等，360 度包圍顧客生活圈，達到行銷的目的。

看到這裡，你應該感受到 MarTech 平台在會員經營的重要性。它至少提供幾個好處：**第一是讓你全方位掌握顧客足跡；第二同時管理線下及線上顧客數據；第三可以對顧客進行客製化、自動化行銷。**這麼做很重要，是因為可以做到個人化的訊息溝通，大幅提高成交的轉換率。

所以，如果你還停留在傳統的 CRM，現在要儘快瞭解、導入 MarTech 會員經營平台工具，擁抱新一代的會員經營。

企業數位轉型，就從優化顧客管理流程開始，可以為企業帶來超乎預期的獲利！

✐ **品牌筆記** ···

整合功能的 MarTech 平台，可以一次解決線上線下的數據收集、顧客管理、內容預設、廣告投放及數據分析等。

11.搜集線上會員數據平台 (DMP)

　　大數據會員經營有兩個重要的 KPI：一是提升舊客價值，二是增加新客開發，DMP 滿足線上新客開發的目的。

　　在大數據時代，你我都有兩種身分：一是實體的，另一是虛擬的。傳統的 CRM 工具，只記錄我們實體的身分及消費數據，而看不到另一半。現在看不到的那一半已經大到無法忽視，於是誕生了專門搜集線上消費者行為的 DMP (Data Management Platform)。

　　DMP 主要是用於搜集及整合線上不同來源如 Email、電腦網頁、行動網頁、社群媒體、手機 App、SSP (供應方平台)、Smart TV，未來還包括物聯網 (IoT) 等的用戶資料，其目的是為了精準行銷。進一步說，**DMP 搜集線上匿名用戶的行為、偏好，再透過行銷自動化平台 (Marketing Automation)，進行程序化廣告或個人化行銷，提供專屬的訊息給潛在用戶，提高轉換率。**（圖 1）

　　為什麼叫匿名數據？因為在你我在網路世界的瀏覽行為，被大量的記錄在 Cookie、Device ID、User ID、Mobile Ad ID 等，是一串數字或文字組成，沒有真實姓名，但卻仍然可以被識別。這些數據補足了 CRM 實體顧客數據的不足，而且 DMP 記錄的很多都是潛在客人的數據，也就是品牌的新客人，可以想見對企業是何等的重要。

　　你一定急著想知道，這些匿名 ID 的背後，又記錄了用戶的哪些具體資料？如果是企業自有的 DMP，基本上搜集了品牌的訪客數、瀏覽頁面

數、瀏覽時間長、回訪率、跳出率、區域、裝置等。

　　同理，如果是行銷公司或平台業者的 DMP，記錄的就是品牌潛在客人，包括第二方及第三方用戶的站外行爲及數據。

　　同時，DMP 也爲每一個瀏覽的 ID 貼標，以便定義用戶的輪廓，例如網頁內容的關鍵字有運動、健身、刮鬍刀、旅遊、南美洲等，就會一併貼到用戶的 ID，大數據預算法會初步的劃分該使用者可能爲男性。

　　同理可證，概括推論消費者的年齡、教育程度、消費能力、活動區域等等，形成了人口統計變數資料 (Demographics)；進一步，DMP 還搜集了用戶的興趣 (Interest) 及行爲 (Behavior) 資料。

也許你會問，Google Analytics (GA) 也可以提供這些相關的資訊，爲什麼還需要DMP？最大的差別就是**GA的數據都存在Google的資料庫裡，而DMP搜集的數據都是自己的，可以做進一步的應用**。這個概念類似爲什麼現在企業，都要發展大數據私域流量會員行銷，而降低對數位廣告公域流量的依賴。

　　還記得DMP的功能，是讓你看到消費者線上的行爲軌跡。但是如果只有透過企業自有的DMP，只記錄到消費者在站內的行爲，也就是我們不知道消費者拜訪過我們的網頁後，是否也去看了競爭者的產品？或者瀏覽了運動用品、旅遊資訊、訂房網站等。因此可以說，我們還不夠瞭解該名匿名用戶的 Demographics、Interest 及 Behavior。

　　這時候，就要做DMP與DMP之間的數據比對。也就是企業自有的DMP與行銷公司或平台業者的DMP進行站外行爲數據比對，如此我們就可以瞭解到品牌本身的喜好者，站內及站外「線上行爲」比較完整的樣貌，進而制定精準的廣告投放策略，持續優化廣告的投放效果。

　　爲什麼叫線上行爲？要記得我們還有一半的實體會員的交易數據，記錄在CDP，當DMP的數據彙整到CDP，我們才能整合線上線下的行爲軌跡，描繪360度的顧客樣貌！

　　（事實上，DMP搜集及比對用戶資料的過程，比我描述的複雜的多，對於一個應用者，也許你不需要知道那麼多，但是如果你有興趣，也可以參考我文末註明的連結。）

　　接下來，跟你分享使用DMP平台，具體可以爲品牌帶來哪些好處？

　　第一，提升廣告效益，降低行銷成本。DMP因爲記錄用戶的喜好，所以可以投其所好，一來不再浪費廣告費，二來可以避免激怒用戶，因爲

用戶收到的訊息，都是跟自己相關或者有興趣的內容。

第二，企業品牌愈多，DMP 綜效愈大。導入一個 DMP 工具，可以應用於全品牌、產品的行銷，而且品牌愈多，綜效愈大。所以 DMP 非常適合數位廣告代理商，以及擁有大量品牌的中、大型企業。

第三，搜集第三方數據，快速擴增新客人。對於新品牌、沒有第一方會員數據的公司，或者因會員數據太亂不想維護者，DMP 可以協助取得第一波的潛在會員數據，也就是第二方及第三方數據，再進行深根。

第四，放大相似對象，倍增行銷效益。DMP 也可以反過來比對現有會員的消費行為數據，找到更多在第二方及第三方平台的相似 (look-alike) 用戶，讓數位廣告的效果極大化。

第五，搜集匿名 ID，避免隱私爭議。DMP 搜集的數據雖然多，但是搜集的都是各種匿名 ID，如 Cookie、Device ID、Mobile Ad ID 等，甚至也得到消費者的授權，可以避免侵犯隱私權及法規的爭議。

在台灣有些企業仍在努力發展或者導入 DMP，但是並沒有太多完整的成功案例。未來，透過更多的 DMP 導入及應用，品牌可以知道網路上消費者的面貌，讓企業對會員數據的視角，不再獨缺一塊。

✐ **品牌筆記**

當 DMP 的數據彙整到 CDP，我們才能整合線上線下的行為軌跡，描繪 360 度的顧客樣貌！

參考資料

1. Top 10 Data Management Platforms (DMP) for 2020 (https://reurl.cc/e8N38L)
2. 5 Reasons You Need a DMP (https://reurl.cc/x0Appz)
3. What is a Data Management Platform (DMP)? (https://reurl.cc/q86nGE)
4. 大數據：談 DMP 與廣告聯播網間的關係 (https://reurl.cc/q86nYg)

12. 線上線下會員管理平台 (CDP)

　　你在經營會員時，一定曾經碰過這樣的狀況：一個客人來到店裡買了你的產品（如橄欖油），你告訴她可以加入會員累積點數，請她加入會員，她也填寫了會員資料；回去後，她對產品的滿意度很高，於是她上網進一步搜尋相關資訊，看了不同品牌的橄欖油產地、製程、評價，同時也瀏覽了相關的產品資訊（如油醋醬、義大利保養用品等），拜訪了瑜伽網站，最後發現某電商的橄欖油正在辦促銷，於是她有多買了兩罐橄欖油。

　　你一定很疑惑，你的客人跑去哪裡了？她是不是有再繼續使用你的產品？如果你要辦活動，你想知道她對什麼東西或訊息有興趣？你認定她是你的典型客人，想要找到更多跟她有相似背景及興趣的客人 (look-alike) 投遞廣告，你急於知道怎麼做！

　　對於經營會員的經理人，面對顧客的數據有多種來源 (如線上、線下)、多個平台 (如網頁、APP)、多種裝置 (如 POS、電腦、手機)，卻無法整合在同一個資料集、同一個識別碼，是一件很困擾的事。

　　傳統的 CRM 系統，解決不了這些線上用戶的 Demographics、Interest 及 Behavior 數據，現在一個具有「完整功能」的 CDP 可以回答所有的問題。所以，CDP (Customer Data Platform) 顧客數據管理平台，除了記錄及處理企業自有的實名會員數據（第一方），同時接入 DMP 所搜集的第二方及第三方數據，將各方的數據整合在同一個識別碼之下，最終能夠清楚描繪線上線下 360 度的顧客樣貌，甚至進行自動化行銷（詳見下一篇文章）。（圖 1）

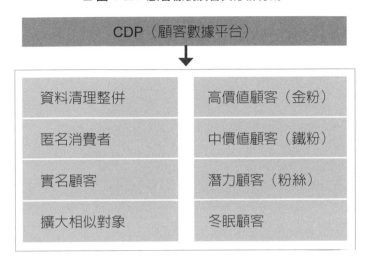

■ 圖 1 CDP 顧客樣貌及會員分群行銷

從以上的說明，你可以發現 CDP 與 CRM 有兩個明顯之不同：

首先，CDP 同時記錄線上線下、匿名實名的顧客數據；CRM 主要記錄實名的顧客數據。CDP 搜集的匿名顧客數據，是 DMP 的匿名 ID 如 Device ID、User ID、Mobile Ad ID 等所記錄的；CRM 搜集的實名數據，是透過實體的 POS 或品牌方的官網所搜集來的，主要是記錄傳統的會員資料，如姓名、性別、年齡、職稱、地址、帳戶資訊、交易記錄等。

其次，CDP 同時記錄顧客購買前及購買後的整段行為歷程；CRM 主要記錄顧客購買後的數據。CDP 記錄的購買前的數據，就是由 DMP 所匯入的匿名 ID 的 Demographic、Interest 及 Behavior 線上數據；CRM 記錄的通常是顧客的交易數據，如購買產品、數量、金額、時間、折扣、付款方式等資料。

也許，你有注意到前述「完整功能」的 CDP。為什麼說完整功能呢？因為 CDP 這樣的 MarTech 仍然處於百家爭鳴的發展階段，每一家能做的事情程度上都不一樣。目前至少有以下三大類的 CDP：

第一類，單一方數據 CDP：可以同時記錄線上及線下的會員數據，包括基本資料、興趣、行為，但僅止於第一方數據，也就是包括實體店面的顧客交易數據、顧客在官網上的瀏覽行為，以及顧客透過品牌方發出去的 Email、LINE@、Messenger、簡訊等，連結到外部網路留下的行為軌跡，進行全方位的追蹤及記錄。

CDP 再透過已經收集的顧客數據，描繪第一方用戶的 360 度樣貌，同時還可以透過行為變數為顧客分群、貼標，進行後續程序化行銷。台灣的 MarTech 公司叡揚資訊的 Vital CRM，以訂閱收費的方式提供了這樣的功能及服務，非常適合中小企業使用。

第二類，數據分析 CDP：這類 CDP 的強項在於提供多種視覺化的工具，如多種圖形、自訂分析階層、即時滾動計算邏輯等功能，讓你可以對顧客資料進行可視化的分析，掌握 360 度的顧客樣貌，同樣也可以透過行為變數為會員分群、貼標，進行後續程序化行銷。更進一步，這類 CDP 可以即時監測顧客線上行為的異動，適時回應顧客，並提供機器學習演算法，讓你預測顧客行為，執行大數據預測行銷。

這一類 CDP 除了第一方，也可以描繪第三方顧客 360 度樣貌。賽仕公司的 SAS CI360 結合 SAS Viya 就是提供了強大的視覺化功能、多種演算法，可以處理巨量的顧客數據、畫出線上行為分流桑基圖 (Sankey Diagram)（圖 2）、為顧客分群等。由於對龐大資料處理的效率，SAS CI360 及 SAS Viya 非常適合擁有大量數據的中大型企業使用。

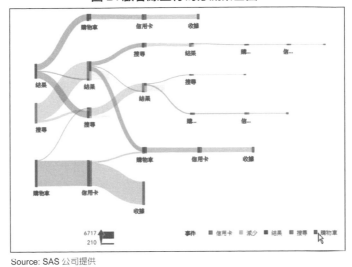

圖 2. 顧客線上行為分流桑基圖

Source: SAS 公司提供

第三類，數據分析及互動 CDP：這類 CDP 除了具備前述兩類 CDP 的功能外，還可以讓你執行跨平台的行銷活動，也就是它整合了幾乎我後文要跟大家分享的所有行銷自動化功能。

根據 SAS 英國顧問的觀察，在 MarTech 領域很少受到像 CDP 那麼多的關注。目前全球已有超過百家各類的 CDP 平台投入市場，除了 SAS，知名的行銷科技公司如 Salesforce、Adobe 及 Oracle，都一一到齊，提供企業多樣的選擇。

你也許已經意識到，由於 MarTech 仍然處於快速發展中，行銷科技廠商發展的 CDP 功能，還會不斷的向上整合 DMP 的功能，向下整合 MA 的功能，使其具備全方位的會員管理及行銷能力，而到時 CDP 就變成只是一個顧客管理的形容詞，就如同 20 年前崛起的 CRM。

根據市場調查機構 Gartner 的研究，發現已經導入 CDP 的企業，其行銷人員仍然有 50% 認為是 CRM，同時也不理解 CDP 與 DMP 的不同。顯然，這些新的行銷科技名詞把大家搞得七葷八素，十分不利於 MarTech 的導入。

然而，這三者在定義及觀念上，仍然有很大的不同。DMP 以匿名 ID 收集線上客人的數據，擴大品牌方夢寐以求的顧客基礎；CDP 則同時記錄實體顧客及線上用戶的行為軌跡，讓品牌方早一步看到顧客的完整樣貌，在行銷上超前部署；傳統的 CRM 則記錄會員交易資料，以及事後溝通的數據。（詳圖 3）

會員經營的重要性，已經不必多著墨。現在你要考慮的是如何接入適合的 MarTech 及 CDP 平台，對接 DMP，開始大數據會員經營的新旅程。

✎ 品牌筆記

DMP 以匿名 ID 收集線上客人的數據，擴大品牌方夢寐以求的顧客基礎；CDP 則同時記錄實體顧客及線上用戶的行為軌跡，讓品牌方早一步看到顧客的完整樣貌，在行銷上超前部署，為企業創造獲利！

參考資料

1. Best Customer Data Platform (CDP) Software（https://reurl.cc/ldANaQ）

2. CDP or not to be? That is the question（https://reurl.cc/4mMWQX）

3. GSS Cloud（https://reurl.cc/Oqn5Ly）

4. CRM & MarTech Weekly（https://reurl.cc/odAVAq）

5. CDP 供應商暴增 6 成！數據轉型再進化，企業是時候導入客戶數據平台了嗎？（https://reurl.cc/ldAN2Y）

DMP（數據管理平台）

定義：
DMP 主要是用於搜集及整合線上不同來源如 Email、電腦網頁、行動網頁、社群媒體、手機 APP、SSP（供應方平台）、Smart TV 等的用戶資料。

用戶：
主要是透過數位廣告投放所取得的第三方數據，也可以是跟電商平台合作所取得平台用戶的第二方數據；以及透過品牌自有管道所取得的第一方數據。

目的：
透過行銷自動化平台，進行程序化廣告或個人化行銷，提供專屬的訊息給潛在用戶，達到精準行銷，提高轉換率。

識別 ID：
網路世界的身分，如 Cookie, Device ID, User ID, Moble Ad ID 等所取得的匿名 ID。

MarTech 工具：
Amnet AutoTurn, Adobe Audience Manager(AAM), Nielson DMP, Saleforce Audience Studio, Oracle BlueKai, etc.

CDP（顧客數據平台）

定義：
CDP 主要記錄及處理企業自有的實名會員數據（第一方），同時接入 DMP 所搜集的第二方及第三方數據，將各方的數據整合在同一個識別碼之下，所以能夠描繪線上線下 360 度的顧客樣貌。

用戶：
同時記錄第一方現有的顧客數據、第二方及第三方的潛在的顧客數據。

目的：
360 度記錄顧客的行為軌跡，為顧客分群，預測顧客行為，進行 1 對 1 個人化行銷，提供客製化互動及體驗服務。

識別 ID：
真實世界的身分、如姓名、行動電話、Email、地址等。

MarTech 工具：
SAS CI360, Vital CRM, AccuHit, Oracle Customer Data Management Cloud, Adobe Experience Platform, Salesforce Interaction Studio, SAP Customer Profile, etc.

CRM（顧客關係管理）

定義：
CRM 是記錄實體顧客的交易及聯繫數據，通常由銷售人員收集及 POS 系統匯入，透過分析顧客與公司交往的歷史，強化顧客與公司的關係，達到銷售的目的。

用戶：
傳統上是記錄現有顧客的交易數據，現在也記錄官網上顧客的交易數據。

目的：
記錄實體顧客的交易及聯繫數據，為顧客分群，進行分群行銷，期待留住顧客，增加銷售。

記錄資料：
主要記錄傳統的會員資料，如姓名、性別、年齡、職稱、地址、帳戶資訊、交易記錄等。

識別 ID：
真實世界的身分，如姓名、行動電話、Email、地址等。

適用者：
現有的顧客數據，通常直接由企業的業務或行銷部門管理、使用。

13. 行銷自動化管理平台 (MA)

行銷自動化 (Marketing Automation) 是以 MarTech 工具經營會員的最後一塊拼圖，也是最後一哩路！

DMP 及 CDP 只是把潛在顧客及手中顧客放入口袋，但是要真正發揮效用，你需要藉助 MA 工具來進行客製化、個人化、自動化的會員行銷。

MA 是透過軟體工具，協助行銷人員解決重覆性的工作，在多管道 (如 Email、品牌網頁、社群媒體、行動 APP 等) 同時執行多項行銷活動、並即時追蹤及評估行銷成效。 透過行銷自動化，傳送客製化訊息，進行個人化溝通，同時發揮行銷戰力，降低人力成本，提高顧客轉換率，達到利潤提升目的。（圖 1）

MA 的好處，從**消極面**可以將重覆性、繁瑣性，這類勞心勞力的工作交給 AI 機器人，立即回應顧客的要求，從而減少行銷及營業人力的需求。很多新創及中小企業，往往一人身兼多職，再加上好的行銷人員僱用不易且流動性高，導入 MA 工具可以克服經營上的困擾。

MA 的好處，從**積極面**則可以大幅提高行銷活動的轉換率，釋放行銷人員的潛力。在沒有 MarTech 的時代，行銷及營業人員疲於重複性的工作，導入 MA 讓行銷及營業人員可以花更多心力在品牌的經營、活動的企劃、服務的體驗上，站在制高點來經營品牌。

根據 Grand View Research 的報告，北美地區已有超過 60% 的行銷主管導入行銷自動化工具，亞太地區也在快速增加中。因為看到 MA 的爆發

力，這個市場也產生了爆炸性的成長，預計到了 2025 年，光是這個市場的規模就達到了 76.3 億美金。

接下來，你一定急著要知道行銷自動化如何運作的？基本上，我們已

■ 圖 1. 行銷自動化

MA（行銷自動化）
↓
EDM（EMAIL MARKETING）
個人化網頁（PERSONALIZED MARKETING）
數位廣告（DIGITAL CAMPAIGN）
APP 推播（IN-APP PUSH）
社群行銷（SOCIAL MARKETING）
AI CHATBOT（聊天機器人）

定義：MA 是透過軟體工具，協助行銷人員解決重複性的工作，在多管道（如 EMAIL、社群媒體等）同時執行多項行銷活動、並即時追蹤及評估行銷成效。

用戶：應用 CDP 所記錄的現有顧客及潛在顧客的數據，當作行銷的對象。

目的：透過行銷自動化軟體工具，避免繁瑣的人力操作，傳送客製化訊息，進行個人化溝通，同時發揮行銷戰力，降低人力成本，提高顧客轉換率，達到利潤提升目的。

記錄資料：可以回傳與顧客互動的訊息，也可以根據顧客的回應內容為顧客貼標。

識別 ID：應用 CDP 所記錄的現有顧客及潛在顧客 ID

適用者：適合企劃行銷部門使用

MarTech 工具：全方位工具，如 SAS CI360, HubSpot；Email MA 工具，如電子豹 Newsleopard、Mailchimp；社群 MA 工具，如 Hootsuite、Buffer；廣告投放自動化工具，如 AdRoll、metadata.io；網頁廣告 / 行為旅程 MA 工具，如 Vital CRM、AccuHit,etc.

經導入 CDP 記錄了顧客的基本資料及行為旅程，所以一旦顧客來到線上瀏覽品牌的資訊，就可能留下這樣的網路足跡：瀏覽各種產品→把喜愛的產品放入購物車→準備結帳所以必須加入或登入會員→完成付款動作。如果網站體驗好，顧客剛好有時間，可能會完成全部旅程；反之，可能停留或中斷在任何一個網頁，成為斷點。（圖 2）

透過行為旅程分析，我們至少可以採取兩大動作：一是檢討顧客為何大部分都終止在某個斷點，例如加入會員半途就結束，是不是要填的資料太複雜？二是針對不同斷點的顧客，提供不同的訊息。

你可以就把產品放入購物車的顧客，隔天寄出結帳提醒，鼓勵快快把喜歡的產品帶回家；對於加入或登入會員的顧客，寄出 Welcome letter 及權益說明；對於完成付款的顧客，寄出致謝信函及訂單追蹤連結；對於系統記錄貨物已經送達的客人，一週後寄出滿意度問卷。

更進一步，如果客人觸動 Email 內容的連結，回到品牌網站，MA 可以推播客製化的數位廣告，3 天後再根據顧客旅程提供客製化手機簡訊 (或者推播 LINE@/Messenger/APP 訊息)；另一方面，如果是有接入 DMP 平台，則可以進行相似對象的比對，擴大相似受眾，投遞數位廣告，找到更多潛在客人。

以賽仕公司的行銷自動化工具 SAS CI360 為例，可以利用既有會員資料做機器學習、再用行銷自動化工具，比對陌生顧客的行為旅程，自動推播用戶感興趣的客製化行銷素材。例如會員登入訂餐平台，網頁廣告馬上可以替換成她喜歡的薰衣草味道精油，讓她覺得很窩心，但她因為臨時進來一通緊急電話，當下沒有完成訂購，隔天就收到一封提醒的 APP 推播及 Email，溝通限時下訂可以另外贈送小瓶裝試用品，於是她透過 APP 快

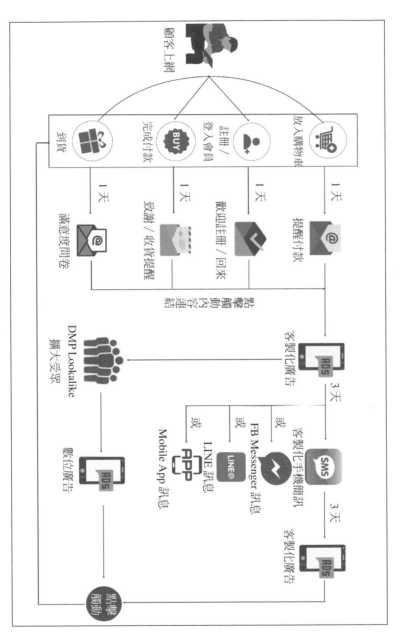

■ 圖 2. 行銷自動化流程

樂的完成了訂購。（圖3）

　　同理，如果 CI360 偵測到瀏覽者並非會員，也會啓動的後台行銷自動化、客製化機制，立即在網頁上做廣告內容或順序的替換，提供客人感興趣的內容，例如出現立即加入會員享入會禮的訊息。

　　台灣行銷科技公司叡揚資訊的 Vital CRM，從產品售出的第一天開始，可以根據產業及產品類別的需要，設計出一年365天包圍會員的服務流程。例如第一天開始的致謝訊息、第三週關心產品使用情形及強化產品使用信心、第三個月詢問使用滿意度及免費服務的訊息，到半年後提醒回店保養，有計畫的提供會員互動服務體驗，不會過度打擾又可以適時關心，大大提高後續再購買的意願。（圖4）

　　以上就是導入 MA，可以透過多管道以個人化訊息，溝通第一方現有顧客及第三方潛在顧客例子。現在，你會開始關心到底 MA 可以爲企業帶來什麼具體的效益？前文提到可以降低成本，提升利潤，那是否有具體數字？

　　根據 Infosys 的調查，86% 的消費者證實，個人化行銷會影響其消費決策；再根據 Aberdeen Group 的調查，75% 的消費者會因品牌有執行個人化行銷、優化消費者體驗，因而對品牌產生正面印象。

　　以客戶導入 Vital CRM 爲例，林果良品是從網路竄紅的台灣純手工訂製鞋品牌，沒有大量的廣告及包裝預算，導入 Vital CRM 記載顧客基本資料、交易數據、售後服務記錄、爲顧客貼標籤分群，對特定族群發送溝通簡訊及關懷訊息，顧客回籠率大幅增加至 45%，回購週期也從 1 年大幅縮短到 6 個月，可以說充分發揮了 CDP 及 MA 的功能及效益。（圖5）

　　再以一家導入 CI 360 的禮物卡片公司爲例，產生的效益包括：1. 獲客

■ 圖 3 CI360 行銷自動化規則設計

Source: SAS 公司提供

■ 圖 4 .Vital CRM 售後服務自動化設計

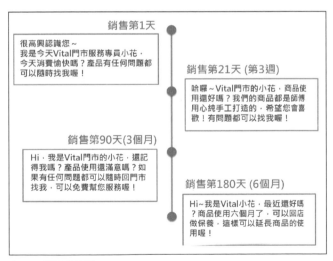

Source: 叡揚資訊提供

Source: 叡揚資訊提供

成本降低 34%；2. 平均交易金額增加 29%；轉換率提升 23%。所以，各項調查及應用顯示，導入 MA 可以提升無形的品牌形象及有形的具體效益。

這麼有效的工具，你一定會迫不及待的想要開始使用！ MA 跟 CDP 一樣，有簡單也有複雜的，有的 MA 具有全方位的功能，甚至向前整合了 CDP 及 DMP 的功能，有的只有單一功能。

全方位 MA，為企業提供多管道的溝通、潛在顧客開發、廣告數據追蹤、顧客數據分析，為顧客旅程各個階段，提供行銷自動化服務。不過，這一類的工具費用也比較高，同時也需要有一小組專任行銷團隊來負責經營。

社群 MA，就是取代小編與用戶在社群媒體如 Facebook 粉絲頁、

LINE@、Messenger 上的互動，大大節省了社群行銷上重複性、繁複性的工作。社群 MA 根據用戶貼文，觸動機器人自動回應，還可以進行社群貼文排程、社群互動監測、後台數據統計等。

Email MA，根據用戶的行為旅程，透過 API 串接，自動觸發一連串 Email 行銷活動，由於簡單，被企業廣泛的採用。例如，在新會員加入時寄出 Welcome letter 及權益說明；對於完成付款的顧客，寄出致謝信函及訂單追蹤連結；對於系統記錄貨物已經送達的客人，寄出滿意度問卷。

網頁廣告 MA，根據瀏覽者在 CDP 的資料，自動替換平台上或者品牌官網上的廣告，讓不同的受眾看到不同，且感興趣的個人化訊息。這種 MA 工具，適用於有透過品牌官網販賣產品或電商平台，很多電商為了業務的需要，也會自行開發這一類的 MA 工具。

行為旅程 MA，根據 CDP 的顧客分群數據如新客人、舊客人，舊客人又可分金、銀、銅級會員，在會員上網時追蹤其旅程，提供不同的產品組合及優惠方案。這類工具，可以針對會員的需求，提高貼心的方案，根據經驗可以大幅提高成交的轉換率。

MA、CDP 及 DMP 在 MarTech 的浪潮下，還在快速的發展，可以選擇的方案愈來愈多，你可以根據企業的行銷人力及預算資源，逐步導入，不用急於一步到位。

最後，縱使你的企業已經全方位的導入這些會員管理的工具，千萬不要認為你的工作已經完成。因為，這些工具雖然可以解決日常重複及繁瑣的工作，卻無法取代品牌行銷及產業知識。如果你沒有為品牌注入消費者、品牌及產業的 Insight，所有的 MarTech 最終還是一個「工具」，你的產品也不會是一個「品牌」！

✎ 品牌筆記

如果你沒有為品牌注入消費者、品牌及產業的 Insight，所有的 MarTech 最終還是一個「工具」，你的產品也不會是一個「品牌」！

參考資料

1. CDP or not to be? That is the question (https://reurl.cc/4mMWQX)

2. Marketing Automation Market Size (https://reurl.cc/j5oQjq)

3. Digital intelligence for optimizing customer engagement (https://reurl.cc/e8AGlL)

4. Top 10 Marketing Automation Software Platforms for 2020 (https://reurl.cc/Z7vZ6V)

大數據會員經營 × 四部曲

大數據會員是企業的終極資產，
論功行賞才能永續經營。

14. 還在經營粉絲嗎？
直接跟會員溝通才是王道

　　曾經有一位媒體人問我，企業一定需要經營品牌嗎？我也常在想，當我們為企業工作了幾十年後，到底為公司留下了什麼資產[1]最有價值？

　　過去我也許會回答是一個響噹噹的行銷活動，或者為公司創造了很高的業績。但是，如果我們把時間放長來看，我的答案會很不一樣，**企業經營的終極資產會是「品牌」加「會員」！**

　　品牌代表了市場、訂價權，也代表了利潤，這個大家應該都知道。那為什麼是會員呢？有幾個原因：一是現在市場趨近飽和；二是開發新客人不容易；三是開發一個新客人的成本，幾乎是維持舊客人的 5 到 10 倍；四是業績每個月會歸零，但是會員會不斷累積；最後是手中有了會員，行銷的成本將大幅度的降低。

　　會員的重要性也不是今天才知道，但是過去只有大公司，如銀行、保險公司及知名精品品牌等才做得到，一般的中小企業或消費品公司，幾乎是知道而做不到。大數據時代給了我們一個很好的機會，最主要是透過網路，溝通的成本大幅度的降低。

　　我也發現企業一窩蜂的投入數位行銷、粉絲經營，最終發現每獲得一

---

1. 指的不是企業內部的資產，是從消費者的角度看的外部資產。

位客人的行銷成本很高，甚至有很多案例顯示，從網路來的客人，每一筆交易至少要損失 100 元以上，同時難以建立品牌忠誠度，逼得很多公司不得不重新檢討，發現「粉絲再多，不如會員在手」[2] 來的有用！

消費品巨人 P&G 也曾抱怨數位行銷太過狹隘、太多促銷，對品牌的幫助有限，因而重新分配行銷預算。**經過 20 年的數位實踐，實務界也發現只有手中握有會員資料，能夠直接跟會員溝通才是王道。**

你也可以發現，過去不經營會員的公司，如便利商店、連鎖超市、餐飲業等，現在也大張旗鼓的導入大數據顧問服務，或者推出 APP，開始經營會員了。

會員既然如此重要，因此「建立一個以會員經營為導向的文化」，儼然就成為企業行銷單位一個非常重要的課題；換句話說，也就是從第一天開始，你策劃的每一個行銷活動，都要導引顧客成為會員！

新客人的行銷，會歷經一個複雜的行銷傳播流程，造成消費者行為的改變，最終成為新顧客。

在大數據時代，行銷大師科特樂（Philip Kotler）提出了 5A 行為反應模式[3]，包括認知（Aware）、訴求（Appeal）、詢問（Ask）、行動（Act），最後就是倡導（Advocate）。倡導，就是請客人推薦客人，背後的思維就是會員經營了。（圖 1）

---

2. 粉絲指的是社群媒體上（如 FB、IG、YouTube 等）的追隨者，資料不存在你家；會員是指你手上的顧客，你有她（他）們的基本資料，甚至是消費數據。
3. Marketing 4.0: Moving from Traditional to Digital, Philip Kotler, Hermawan Kartajaya and Iwan Setiawan, Wiley & Sons Inc., 2016

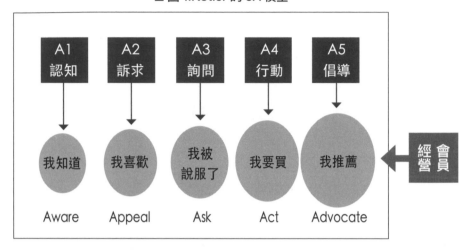

■ 圖 1.Kotler 的 5A 模型

有一家新創公司叫「天天清潔」，專門做高品質居家清潔服務，這位創業者參加過我幾次的演講活動。記得他曾經跟我提過，公司成立初期幾乎用盡了各種行銷宣傳，從到停車場去夾宣傳 DM、免費提供早餐店印製自家公司聯絡方式的外帶紙袋，到操作各種關鍵字行銷、購買 Google 廣告等等，業績始終沒有起色，非常挫折。

大約兩年前，他說得到我第一本書[4]的啟發，加倍注重服務品質，也開始經營會員。今年，會員占營收的比例已經高於 70%，公司的基礎已經愈來愈穩健。現在，他已經不再用高成本去競逐數位廣告欄位，而是聚焦在培養跟會員的長期信任關係。

從上面的例子可以看到，直接跟會員對話，它的威力超過你的想像。

---

4. 多品牌成就王品，遠流出版，2016 （4 版）

不過，我也觀察到很多公司的行銷，取得訂單之後，行銷活動就結束了；不然，就是也收集到一些顧客資料，但是事後也沒有好好的發揮顧客資料的價值，可以說非常可惜。

如今，經營會員有了 MarTech 工具，你可以導入 DMP-CDP-MA 工具，全方位收集線上及實體會員數據，看到過去看不到的 360 度會員全貌，進一步做到行銷自動化，釋放需要燒腦的品牌企劃人力，轉型更有價值的規劃工作。你如果能善用 MarTech，將使會員經營領先同業一個世代。

所以，現在你可以藉助 MarTech，從第一天開始，就建立以會員為經營導向的文化，將在大數據時代，為企業帶來穩定而持續的成長。

✐ 品牌筆記

企業經營的終極資產會是「品牌」加「會員」！

15. 大數據時代，你一定要瞭解的 6 種顧客

大數據預測行銷，核心觀念是將行銷從大眾、分眾、小眾，一次推進到個人，強調市場的組成不是「產品」，而是「顧客」。因此，我們在計算公司規模時，不再只看產品銷售數字的增減，而會將重心放在不同顧客的貢獻率。

基本上，公司的營收就是由兩大類顧客所組成，潛在客人與既有客人。為了行銷操作，我們又進一步將潛在客人分成三種：「準顧客」、「知道未買」及「完全不知道」的客人。（圖 1）

「準顧客」，指的是對產品及品牌已經做了功課，也對自己的需求有想法的潛在消費者，他們在等待最好的出手時機。

■圖 1. 三種潛在客人

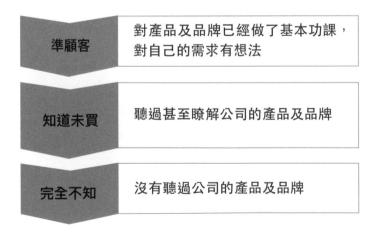

準顧客	對產品及品牌已經做了基本功課，對自己的需求有想法
知道未買	聽過甚至瞭解公司的產品及品牌
完全不知	沒有聽過公司的產品及品牌

「知道未買」，指的是至少聽過，甚至對公司產品或品牌略有瞭解的新客人，處於低關心度的狀態。

「完全不知道」的客人，則是最不需要花時間，或是擺在最後才要去開發的客人。

至於**既有客人**，我也把它分成三種：即「首購客人」、「忠誠客人」及「冬眠客人」。因為公司當下的業績，就是由這三種顧客所組成的，接下來，我會多花一點時間討論。（圖2）

「首購客人」，是透過行銷努力開發來的新客人；而「忠誠客人」，是因為對產品、服務滿意，而持續上門的客人。公司的總體營收，就是由首購客人及忠誠客人所構成。

因此，維持及找出「首購客人」及「忠誠客人」的黃金比率，顯得非常重要。對於一個成熟品牌而言，這兩種客人的比率是 3：7，也就是有 3

■ 圖 2. 三種既有客人

首購顧客	第一次購買你產品的顧客	
忠誠顧客	· 以 Frequency 分類 · 1 個購買週期內回購（高活躍度） · 2 個購買週期內回購（中活躍度） · 3 個購買週期內回購（低活躍度）	· 以 Value 分類 · High Value · Low Value
冬眠顧客	超過 3 個購買週期未回流的顧客	

成的新客人持續爲品牌注入活水，加上 7 成的死忠支持者。

常常有人問我，「我的新舊客黃金比率是什麼？」因爲每個行業都不同，這個問題沒有標準答案。但原則上，能維持業績持續成長的新舊客比率，就是品牌的黃金比率。

有些企業很自豪，自認營收 90% 都是老客人所貢獻；但仔細瞭解，卻發現業績是衰退的。那麼，這個比率含金量不高，而且品牌已經面臨老化危機！

大數據時代，我們採用兩種方法開發新客人：**一方面是根據客人在網絡世界的行爲，投放精準的廣告；另一方面是透過忠誠客人的熱情推薦與網路評價，來獲取新客人。**

至於「忠誠客人」，則必須分等級。在大數據時代，我整理了 3 組共 10 個顧客行爲變數來分類顧客，分別是 RFM-4P-TCC。每一種劃分方式，都應該有對應的行銷策略，之後我會再說明這個部分。（詳見 17 預測行銷不是心理學，而是行爲科學！）

最後，來看「多眠客人」。顧名思義，這些客人已經不再消費，原因主要是，行銷活動吸引來了一些看熱鬧的人，他們淺嘗即止，不是品牌現在的目標對象；也可能是因爲產品、服務出問題，把他們嚇跑了，這是客人進入多眠主要原因。

大數據時代，企業透過消費者使用的電腦、手機、Pad 等聯網設備及大數據工具軟體，可以很容易掌握客人的行爲軌跡；透過行爲軌跡，可以進一步預測客人的消費行爲，一方面不斷的創造新客人，另一方面讓老客人維持高活躍率。

這就是我常用來比喻的行銷「兩手策略」：**一手握住手中的鳥，另一**

手到森林中不斷抓來新的鳥，你的生意才會源源不絕。

因此，要經營老客人，就是要好好的握住手中的鳥，把它養的更肥、更大，那就是我要跟你分享的「大數據會員經營」了！

✏ 品牌筆記

行銷「兩手策略」：一手握住手中的鳥，另一手到森林中不斷抓來新的鳥，你的生意才會源源不絕。

---

16. 先決定會員類型，再決定如何行銷

　　大數據會員行銷雖然很重要，但是盲目的投入會員的經營也是一場災難。首先你需要要認清會員的類型，再決定哪一種會員型態適合你所屬的產業。根據我過去 20 年經營會員的經驗及觀察，我將會員制度分成五大類，也可以說有 5 個不同的級別：（圖 1）

　　第一級：註冊即可成為會員。加入這一類會員幾乎是沒有門檻的，不用交會費，也不需要先消費，甚至為了鼓勵加入，還提供加入禮或免費試用。例如 Uber、Airbnb、Grab、EZTABLE、citisocial、HAPPYGO 等電商

■ 圖 1 五級會員制度

- **1 級** 註冊即可成為會員
- **2 級** 消費一定金額才可成為會員
- **3 級** 繳交年費即可成為會員
- **4 級** 聯名卡會員
- **5 級** 受邀尊寵會員

5 級會員制度

平台，都會提供首次消費折抵、免費試用期或免費點數給註冊用戶。這一類會員制度的設計，在於吸引更多新會員加入。

　　第二級：先消費到一定金額，才有資格加入會員。這類公司鼓勵消費者先消費，當消費達一定金額即可申請成為會員；甚至設有會員等級，消費金額愈高，會員等級愈高，會員權益也不一樣。例如購買 Starbucks 隨行卡，1,000 元即可註冊成為星巴克「新星級」會員；歐舒丹（L'OCCITANE）單筆消費滿 6,000 元即可成為「普羅旺斯俱樂部」會員；消費累積滿 1 萬元，可取得「誠品人」會員卡資格。這一類的會員制度的設計，在於從經營忠誠客人的角度出發，但各公司對會員資格的維持則有不同的規定。

　　第三級：繳交年費才可成為會員。這類會員制度的代表公司，在實體世界是 Costco，在網路世界則是 Amazon。由於已經先收了會費，所以提供的產品價格比一般便宜很多，如 Costco；或者提供額外的權益，如 Amazon 為超過一億名符合「Prime」級的會員提供免運費的服務。

　　我研究這兩個公司的財報，發現會員費甚至成為公司主要的利潤或收入來源，如 2019 年，Costco 的未含會員費的利潤只有 0.9%，而會員費占了該年利潤的 70%；此外，Amazon 於 2019 年的會員收入高達 192 億美元，佔總營收 2,825 億的 6.8%[5]。因此，我認為這類公司的會員制度設計，是一種商業模式，而不僅僅是一種行銷策略。

　　第四級：銀行聯名卡會員。經營會員不一定得自己來，透過跟銀行合作發行聯名卡也是一種方式，達到異業合作擴大客層的目的。這類會員資

---

5. Amazon.com Inc. has added 14 million U.S. Prime members since December 2019, according to Consumer Intelligence Research Partners.（https://reurl.cc/0Orvql）

料雖然不是放在自己公司，但是只要跟發卡行緊密合作，可以應用銀行端的消費大數據，進一步鞏固忠誠客人，提升營收。例如王品集團與花旗銀行推出的「饗樂生活卡」，曾經為公司帶來將近 20% 的高營收。這級會員是由異業合作所創造出來，異業間講究客層互補與門當戶對，所以自身的品牌也要有一定的品牌力，才能創造合作的條件。

第五級：受邀尊寵會員。這一類的會員，不是任何人或有錢就可以加入，你要有一定的社會地位或消費到很高的金額才會被邀請，它是一種「尊榮」、「高貴」的象徵，加入之後所得到的禮遇也跟一般會員大大不一樣。例如花旗銀行的黑卡只有 5% 的卡友可以拿到，美國運通甚至只發給 1% 頂級的用戶。另外還有 APAA，全名為 AlibabaPassport，是電商崛起後，阿里巴巴發展出來的會員型態，阿里於海量用戶中挑選出 1% 頂級會員，給予令人稱羨的禮遇，例如帶著會員去義大利品紅酒、坐著豪華遊輪出去米蘭看時裝週、在職業賽道試駕跑車等等，把高消費用戶變成死忠會員。這類會員制度的設計，比較適合高單價、高消費或可以彰顯身分的品牌，不是一般中小企業可以學習採用的。

如果你要經營會員，你得先想清楚你的行業或品牌適合哪一種會員制度？對於一般中小企業而言，你比較可以參考的是第一、二、三級會員；當你的品牌進入到另一個更高層次的需求，你才需要去思考第四、五級會員的制度設計。

✐ 品牌筆記

> 大數據會員行銷，首先需要認清會員的類型，再決定哪一種會員型態適合所屬的產業。

17. 預測行銷不是心理學，而是行為科學

　　當你根據企業發展的階段及行業的特質，選定了會員制度後，為了後續會員行銷需要，你需要先為你手中的會員進行分群。

　　傳統的行銷學講究 STP，先區隔市場（Segmentation），然後訂定目標客層（Target），最後進行市場定位（Positioning）。如在前文談到的，這是一種商業分析的概念，也是一種平均數的概念。

　　然而在大數據時代，區隔市場的方法，有了巨大改變。我們不再靠地理區隔、人口統計或心理特徵當作變數，而是**以消費者行為，來區分、預測顧客未來的行為**（圖 1）。也就是說，顧客會購買什麼產品，取決於觀察其他顧客的行為，以及該名顧客過去的行為而定。

■ 圖1. 市場區隔

地區區隔　　心理特徵

市場區隔

人口統計　　消費行為

大數據預測科學透過演算法，來預測每一位顧客的行為；但在真正導入大數據預測科學演算法前，我們仍然可以用簡單的行為變數，來分類及預測顧客的行為。行為分類的方法很多，我歸納出 3 組變數，分別是 RFM、4P 與 TCC。（圖 2）

首先是 RFM：這是一般常用的方法，也就是**根據客人的回籠時間（Recency）、客人的消費頻率（Frequency），以及客人對營收的貢獻（Monetary）來分類。**

以「回籠時間」為例，可以將既有的顧客分為「第一次」來的客人、「近一年」來的客人，及「超過一年以上」未回來的客人。至於該如何區分客人回籠的時間，是「最近一年」，還是「最近三個月」？取決於該產品的消費者購買週期。

■ 圖 2. 預測行銷的行為分類

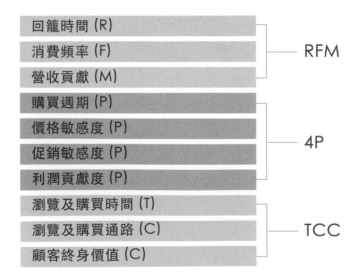

回籠時間 (R)	
消費頻率 (F)	RFM
營收貢獻 (M)	
購買週期 (P)	
價格敏感度 (P)	
促銷敏感度 (P)	4P
利潤貢獻度 (P)	
瀏覽及購買時間 (T)	
瀏覽及購買通路 (C)	TCC
顧客終身價值 (C)	

Recency 代表顧客上次跟品牌接觸時間點，隔了多久了。所以「回籠時間」的行銷涵義，在於評估顧客對品牌的記憶度、品牌接觸的機會點，以及衡量新客、舊客的比率。你可以根據這個指標，制定行銷活動及決定誘因，同時採取加值、激活或放棄會員的策略。

「消費頻率」，則是按照客人的消費次數，加以排列。例如可以將最近一年來過的客人，按照 1 次到 6 次以上，算出每一種次數來的客人百分比。次數分配可以幫我們判斷，誰是「忠誠客人」或「重度使用者」。

Frequency 是消費的次數，代表顧客對品牌的喜好。所以「消費頻率」的行銷涵義，在於評估顧客對品牌的忠誠度、顧客購物習慣的養成，以及用來計算顧客的購買週期。你可以根據這個指標，決定推出新品的策略與速度，設計行銷方案。

「營收貢獻」，則是顧客的購買金額。消費次數多的客人，不代表貢獻金額高。所以 Monetary 的分類，是要讓我們瞭解誰是重要客戶。根據 80/20 法則，20% 的客人極可能貢獻了 80% 的價值，把重要客人照顧好，基本盤就有了。

Monetary 是消費金額，代表顧客對你品牌的貢獻度。所以「營收貢獻」的行銷涵義，在於評估你手上顧客的消費能力、衡量你的行銷活動成果是否符合預期，以及計算顧客對品牌的終身價值。根據這個指標，你可以決定推薦何種價位的產品給客人，以及促銷方案的力度等。

其次是 4P：即按照購買週期（Purchase cycle）、價格敏感度（Price sensitive）、促銷敏感度（Promotion sensitive）及獲利程度（Profitability），加以分類。

「購買週期」因產品而異，可以和「回籠時間」進行交叉分析。例如，出國旅遊的購買週期可以是「最近一年」，到高級餐廳消費則是「最近半

年」，而喝咖啡可能就是「最近一週」。

「價格敏感度」指的是，同一類別的產品有不同的價格，但有的消費者會重視產品品質，會選擇品質較好、但價格較高的產品。反之，有的消費者只會選擇價位較低的產品。

「促銷敏感度」與「價格敏感度」類似，但每個人反應不同。有的消費者經濟能力較好、生活較忙碌，較不在意促銷活動；有的消費者平時根本不消費，只有促銷時才購買。

而「利潤貢獻度」的重要性在於，有時東西賣得好，不見得賺得多。所以我們會繼續分析，哪些產品是獲利王？哪些產品賣得多、賠得多？但是，如果把賠錢貨通通砍掉，也可能是一種錯誤。因為這些產品可能就是「帶路貨」，沒有它，客人也不會來買其他產品。

最後是 TCC：指的是消費者的瀏覽及購買時間（Timing）；習慣在什麼通路瀏覽及購買（Channel），是否在線下瀏覽商品、線上購買，或者通通在線上或線下完成。最後一個 C，則是假設顧客一生對公司貢獻的潛在價值（Customer lifetime value）。顧客終身價值是可以被計算的，通常用來衡量該名顧客是否還有開發價值，以及是否值得花成本維持這個顧客。

總結來說，RFM-4P-TCC 是一組消費行為分類的指標，至於要採取哪一個變數來分類及預測顧客行為，依產品類別及行業特質會有不同。

RFM-4P-TCC 也適用於會員分類及行銷，實務上，我們可以用 RFM 將會員分級，再以 4P ＋ TCC 來做會員行銷。

例如，最近一年（Recency）消費 10 萬以上（Monetary）的客人，具有金卡等級；同時，該名顧客資料顯示為價格及促銷敏感度低（Price &

Promotion sensitive）。因此，可以「預測」該名顧客的喜好，在生日月份「推薦」高品質及高單價的產品，成交的機率就會提高。（詳見 21. 會員行銷創造高業績）

RFM-4P-TCC 的做法，比 STP 細緻許多，更個人化，也兼顧企業獲利與滿足顧客喜好，這正是大數據的神奇之處。

✐ 品牌筆記

RFM-4P-TCC 適用於會員分類及行銷，實務上可以用 RFM 將會員分級，再以 4P ＋ TCC 來做會員行銷。

18.會員經營一部曲：以 RFM 爲客群分級

當你決定要用哪一個行爲變數來區分你的會員後，就可以實際來爲顧客分群分級了。當然，在分群分級之前，你的資料一定要經過清理。（詳見 31.大數據分析從資料清理開始）

這篇文章，我要跟你介紹兩種分級方法：第一種是 RFM 絕對值分級法；第二種是 RFM 相對值分級法。

首先我們來看看 RFM 絕對值分群分是如何做到的，可以用大數據軟體 Tableau 內建的 1 萬筆「Super Store」資料集，來爲你示範。（表 1）

■ 表 1.Tableau 內建資料集

序號	訂單編號	訂單日期	顧客姓名	顧客類型	區域	產品大分類	產品分類	銷售額	銷售數量	折扣數	利潤
1	CA-2013-152156	2013/11/9	Claire Gute	Consumer	South	Furniture	Bookcases	261.96	2	0.0	41.91
2	CA-2013-152156	2013/11/9	Claire Gute	Consumer	South	Furniture	Chairs	731.94	3	0.0	219.58
3	CA-2013-138688	2013/6/13	Darrin Van Huff	Corporate	West	Office Supplies	Labels	14.62	2	0.0	6.87
4	US-2012-108966	2012/10/11	Sean O'Donnell	Consumer	South	Furniture	Tables	957.5775	5	0.5	-383.03
5	US-2012-108966	2012/10/11	Sean O'Donnell	Consumer	South	Office Supplies	Storage	22.368	2	0.2	2.52
6	CA-2011-115812	2011/6/9	Brosina Hoffman	Consumer	West	Furniture	Furnishings	48.86	7	0.0	14.17
7	CA-2011-115812	2011/6/9	Brosina Hoffman	Consumer	West	Office Supplies	Art	7.28	4	0.0	1.97
8	CA-2011-115812	2011/6/9	Brosina Hoffman	Consumer	West	Technology	Phones	907.152	6	0.2	90.72
9	CA-2011-115812	2011/6/9	Brosina Hoffman	Consumer	West	Office Supplies	Binders	18.504	3	0.2	5.78
10	CA-2011-115812	2011/6/9	Brosina Hoffman	Consumer	West	Office Supplies	Appliances	114.9	5	0.0	34.47
11	CA-2011-115812	2011/6/9	Brosina Hoffman	Consumer	West	Furniture	Tables	1706.184	9	0.2	85.31
12	CA-2011-115812	2011/6/9	Brosina Hoffman	Consumer	West	Technology	Phones	911.424	4	0.2	68.36
13	CA-2014-114412	2014/4/16	Andrew Allen	Consumer	South	Office Supplies	Paper	15.552	3	0.2	5.44
14	CA-2013-161389	2013/12/6	Irene Maddox	Consumer	West	Office Supplies	Binders	407.976	3	0.2	132.59
15	US-2012-118983	2012/11/22	Harold Pawlan	Home Office	Central	Office Supplies	Appliances	68.81	5	0.8	-123.86
16	US-2012-118983	2012/11/22	Harold Pawlan	Home Office	Central	Office Supplies	Binders	2.544	3	0.8	-3.82
17	CA-2011-105893	2011/11/11	Pete Kriz	Consumer	Central	Office Supplies	Storage	665.88	6	0.0	13.32
18	CA-2011-167164	2011/5/13	Alejandro Grove	Consumer	West	Office Supplies	Storage	55.5	2	0.0	9.99
19	CA-2011-143336	2011/8/27	Zuschuss Donatelli	Consumer	West	Office Supplies	Art	8.56	2	0.0	2.48
20	CA-2011-143336	2011/8/27	Zuschuss Donatelli	Consumer	West	Technology	Phones	213.48	3	0.2	16.01

這個資料集至少包含了：訂單日期、顧客姓名、顧客類型、顧客區域、購買類別、銷售金額、數量、折扣及該筆交易的利潤。當然要建構一個會員資料系統，你還得擁有顧客的聯絡資料，如手機或 email，否則就會面臨資料欄位不完整的問題。

按照你已經知道的 RFM，「訂單日期」就可以設定及計算回籠時間（R）及消費頻率（F），而營收貢獻（M）則可以是「銷售金額」或「交易利潤」，這裡我選擇銷售金額。

我把回籠時間分為第一次來店發生交易的客人、以及最近 1 個月、最近 3 個月、6 個月、1 年及超過 1 年以上未產生交易的客人（表 2）。

這樣分類主要是因為第一次來的客人為新客人，有不同的行銷意義。另外，每一個分類原則上就是一個購買週期，按照購買週期分類，就是為了未來預測行銷能夠提醒客人再度回來。

■ 表 2. 會員資料集按回籠時間（R）分類

Recency 最近一次消費	會員數
最近一次	1%
最近 30 天	4%
最近 90 天	15%
最近 180 天	10%
最近 365 天	30%
超過 1 年	40%
假設購買週期：30 天	超過 1 年未來的客人為冬眠客人

從表上可以發現，60%（1+4+15+10+30）的客人 1 年內有交易行為，表示經過分類後，發現這個資料集的會員很活躍；另外，也過濾掉 40% 的會員，我把它設定為冬眠中的客人，行銷上需要不同的方法把這些客人喚醒。

進一步，再把這 60% 的客人，按照消費頻率（F）及貢獻金額(M) 分類（表 3）。

按照消費頻率（F）及貢獻金額（M）分類，可以先分析所有活躍會員的平均交易次數及平均消費，往上或往下各分出 1-2 類，作為下一步將會員分級的依據。如表 3，平均消費頻率是 12.6 次；平均消費金額是 2,897 元。

■ 表 3 會員資料集按消費頻率（F）及貢獻金額（M）分類

Recency 最近一次消費	會員數	Frequency 消費頻率	Monetary 消費金額
最近一次	1%	1 次	＜ ＄ 999 ≧
最近 30 天	4%	≧ 2 次	≧ ＄ 1,000
最近 90 天	15%	≧ 12 次	≧ ＄ 3,000
最近 180 天	10%	≧ 20 次	≧ ＄ 5,000
最近 365 天	30%	≧ 32 次	＄ 8,000
超過 1 年	40%	─	─
假設購買 週期： 30 天	超過 1 年未來的客人為冬眠客人	1. 平均次數： 12.6 次 2. 中位數： 12 次 3. 最高次數： 37 次 4. 最少次數： 1 次	1. 平均客單價： ＄ 2,897 2. 中位數： ＄ 2,256 3. 最高客單價： ＄ 22,638 4. 最低客單價： ＄ 0.444

會員分群分級的目的，就是要論功行賞。對於高等級的客人，可以用更高的禮遇把他牢牢抓住；對於消費等級較低的客人，則要想辦法讓他不要變心，繼續消費，養成更「大隻」的客人。

　　經過 RFM 的交叉分析後，我們就可以來定義比較精緻的會員等級，比如最近半年消費 8,000 元以上的客人設定爲第一級、最近 1 年消費 12 次以上且消費金額達 8,000 元以上，或者最近半年消費 12 次以上且消費金額介於 3,000-8,000 元之間的客人爲第二級，以及其他未在這兩類的客人設定爲第三級客人。（表 4）

　　　從這樣的設計，你可能已經看出主要是鼓勵會員常常來消費，或者短時間能夠有較大的貢獻，但是短時間內貢獻不高的客人，如果回來消費的次數多也給予重視。

　　例如有個客人常常到餐廳消費，但每次來都只點一道菜加一碗飯，消費金額不高，卻是餐廳的老主顧，我們也很需要這種常常用腳投票支持品牌的客人。

■ 表 4. 以 RFM 將會員分三級

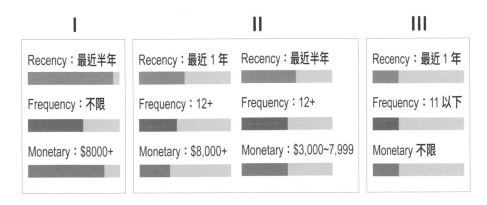

又例如有些航空公司，也會針對時常搭乘的旅客，就是所謂的frequent flyer，給予升等為更高等級的會員。我有一段時間因為工作的關係，常常需要台北－上海兩地飛行，由於都是坐同一家航空公司，很快就升等成該航空公司的金卡會員，享受行李優先通關的服務。

接下來，我要為你說明 **RFM 相對值分級法**。這種方法相對簡單，同樣的我們把清理好的資料集，分別以 R、F、M 計算出平均值，以平均值為中線，劃分成高、低兩組，即高 R、低 R，高 F、低 F，高 M、低 M，會產生最多 8 個（2 x 2 x 2）不同的組合。（圖 5）

此時可以說你手上有了不同客群的名單，你可以直接針對不同的客群做行銷。對於高 R 高 F 高 M 的會員，可以被定義為「最有價值的VVIP」，最近常來消費，消費金額也很高的會員，品牌主需要好好的對待她／他，是絕對不能得罪的一群人。

這群人是屬於品牌高關心度的客人，可以邀請加入公司更多的活動，

■ 圖 5 . RFM 相對值分級法

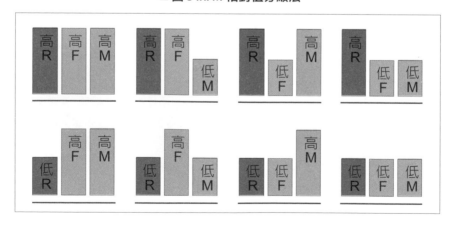

例如填問卷、寫評價、加入 FB、IG 或 LINE 官方帳號，意願都會比較高。進一步，為了牢牢的圈住這些品牌金粉，可以舉辦貴賓獨家限量活動、提前欣賞、早購優惠等等。

對於高 R 低 F 低 M 的會員，可以被定義為「最近才來的新客」，貢獻不高，但是是品牌的新客人。新手顧客的特點是對品牌印象清晰，可以寄送歡迎信函及新手優惠，讓她／他們知道公司更多的產品及服務，給予常來消費的理由。如果是老客人新出現，會員經營者可以嘗試找出過去不來的原因，並加以改善，提升貢獻度。

對於 RFM 均低的會員，可以被定義為「貢獻價值低的多眠客」，不只是最近少來訪，消費金額也很有限。這類會員可能是對品牌缺乏信心或消費後不滿意的客人，會員經營者一方面要瞭解顧客遠離品牌的原因，另一方面寄信關心及提供優惠，如果持續溝通多次無效後，應從資料集中註記放棄。

以上兩種會員分類方法，不只對實體品牌有用，對網絡品牌如平台，也有同樣的意義，也就是只要你有會員大數據，都能適用。

會員等級劃分後，下一步就是需要給予命名：首先需要為整個會員計畫命名，最不動腦筋的名字就是「會員專案」，星巴克的會員計畫是「星禮程」，歐舒丹的會員計畫是「普羅旺斯聚樂部」，新加坡航空的會員計畫則是「KrisFlyer」。專案的命名，是為了日後便於跟會員溝通與行銷。

其次，就是要為每個會員等級命名，例如前述 I、II、III 等級的會員，可以分別命名為「金」、「銀」、「銅」級會員。星巴克的會員則命名為「金星」、「綠星」及「新星」。長榮航空則將會員分成「鑽石卡」、「金卡」、「銀卡」、「綠卡」4 個等級。銀行為了給高消費客人更高的禮遇，

也出現「白金卡」、「無限卡」、「世界卡」,甚至「黑卡」會員。

　　會員命名有兩個原則:一是要能區別每一個等級;二是更高等級的名稱,要能讓會員感受到更高的尊榮,產生想像的空間。

　　為顧客分群分級是大數據會員行銷的第一步,目的是為了掌握顧客的消費行為,同時也是為了日後更好的行銷。

　　有效的分群分級策略,將使得行銷的轉換率(Conversion Rate)大幅度的提升;相反的,錯誤的分群分級策略 [6],將是一場徒勞無功的災難!

　　✎ **品牌筆記** ·············

　　會員分群分級的目的,就是要論功行賞,大幅度的提升行銷的轉換
率。

---

6. 比如未按照行為變數分群分級、各群之間的差異不大,或者將沉睡中的客人沒有明確定義,
導致行銷資源浪費。

19. 會員經營二部曲：設定分級權益

記得 15 年前，我跟一位同事到美國出差，我們一起 check in，下了飛機到了行李轉盤前，我的行李已經躺在那兒等我們，提了行李馬上可以回家，我那時直覺怎麼這麼好，原來他是航空公司的金卡會員。這個優惠深深吸引了我，尤其對於商務旅客或搭乘晚班機到達的旅客，簡直就是歸心似箭，顯得更為重要。

幾年後，我有機會外派上海工作兩年，必須頻繁地飛行，我決定也要有一張「金卡」。於是，在這兩年期間，我固定指名長榮航空，很快的我的會員資格從「綠卡」、「銀卡」，一路晉升到「金卡」，享受著航空公司給我的行李快速提領及其他貴賓禮遇。

這個事件，說明了會員權益設計的重要性。下列 4 個因素是你設計會員權益所要考量的：

首先，必須針對不同的會員等級，設定不同的遊戲規則；而不同等級之間的會員權益，必須有區別力及吸引力。沒有區別力，就沒有吸引力，比如「金卡」跟「銀卡」、「銀卡」跟「綠卡」的權益，如果沒有很明顯的不同，就不會令會員有想要一級一級升等的欲望，也就達不到把顧客留下來，消費更多的目的。

例如，很多淘寶及阿里買家都渴望成為 AlibabaPassport「APASS」會員，因為「APASS」會員享有令人極為羨慕的權益，包括每日一張退貨保障卡、極速退款服務外，還有更多令人稱羨的福利，包括帶著會員們去義

大利品紅酒、坐著豪華遊輪出海、去米蘭看時裝週、在職業賽道試駕豪車等，這些都是一般人無法體驗的頂級服務。

其次，**會員權益的設計，也要考慮成本與效益的平衡。**有一次，我輔導的一位客戶，學習到會員權益設計的重要，在一次忠誠會員的經營計畫，就大方的執行了買一送一的會員獨享方案。我們可以想像，這次的轉換率非常高，但是每一單都是賠本的，因為這個客戶的商業模式有收取手續費，無法負擔買一送一的成本，這次專案總共賠了幾十萬。

所以，會員權益與優惠的設計，沒有辦法照抄，必須根據每個行業的特性而有不同。

再者，給會員的權益可以分成六大類，**即價格優惠型、服務擴大型、功能升級型、內容加值型、免費贈品型，**現金或點數回饋型。分別說明如下：

一是價格優惠型：即加入會員馬上可以享受購物優惠，例如成為花旗饗樂生活卡會員，一推出時即可以享有王品集團餐廳 9 折、威秀影城買一送一優惠；另外，很多電商平台也偏好提供現金折抵消費，如發行 100 元優惠碼給會員，作為購物折抵。

二是服務擴大型：即取得會員資格，可以擁有更多的尊榮服務，例如前述 APASS 會員，享有極高的禮遇。

三是功能升級型：即一旦升等會員資格，享有更高產品功能體驗，例如選擇 NETFLIX 的最高方案，可以在不同的四屏（筆電、電視、手機和平板電腦）觀看高畫質影片、手機用戶升等 4G 用戶讓網速更快。

四是內容加值型：即提供更好的產品組合給會員，例如加入天下「全閱讀」可以瀏覽歷年的文章。

五是免費贈品型：即提供免費的產品或禮物給會員，例如星巴克金卡會員每累積 35 點可獲贈中杯飲料一杯、信用卡公司也常提供新戶首刷即可兌換行李箱。

六是現金或點數回饋型：即消費即可累積點數或回饋現金，這是近年來非常受歡迎的會員回饋方式，例如 LINE Pay 消費即可得 2~3% 現金點數、Happy Go 開卡成功即送你 400 點。

那麼多種會員權益，你一定想知道企業最喜歡採用哪一種？以及哪一種優惠最受顧客青睞？可說因行業而異。

根據我的觀察，實體品牌偏愛免費贈品型、服務擴大型；消費品電商偏愛價格優惠型；內容平台偏愛內容加值型；工具類電商偏愛功能升級型；銀行、航空公司及零售業偏愛現金或點數回饋型。（圖 1）

■ 圖 1. 不同行業偏愛不同會員權益

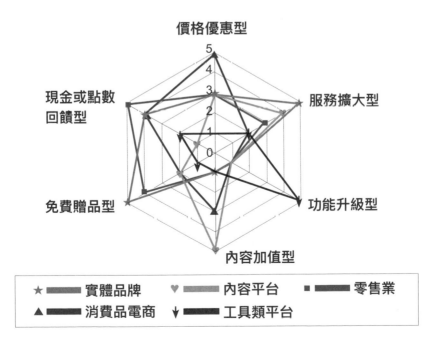

最後，會員權益的設計，並不是永遠不變的。例如當你已經累積了大量的「金卡」會員，而你的生意已經好到沒有辦法容納這些會員，甚至會員的經營已經影響到公司利潤的極大化，這時就可以考慮**微調會員的權益**，讓金、銀、銅等級的會員比率重新分配。這種情形可能會發生在空間體驗型的商業模式，如航空公司、星級酒店，或者米其林餐廳等；主要是因為有限的服務空間，無法像消費品行業一樣，客人來愈多、買愈多，愈好。

為了預防有這種情形發生，有些行業已經把**交易期間設定**為獲取權益條件的一部分，例如新加坡航空公司規定必須一年內持續累積 50,000 哩，才能繼續維持金卡的會員資格，就是一種動態的平衡。

有些零售業，也把**消費期間當作保有會員權益的條件**，我認為這是一個不完全恰當的設計。因為一般零售業產品是可以無限量銷售的，理當會員多多益善，無需設定諸如一年內消費未達一萬，即取消會員資格的時間門檻。

完成會員權益的設計後，就要透過後台大量的交易資料，應用大數據分析的方法，評量會員的**消費次數、金額、來店時間以及創造的利潤**，適時的調整會員的權益設計，來達到利潤的極大化。

然而，會員權益的設計是對會員的長期承諾，絕不可以短期內不斷調整會員的權益，尤其是調降權益等級。如果非調整不可，也要有排除條款，例如會員權益變更不溯及既往。畢竟，目前的會員，是因為過去的權益而加入的，得罪不起！

所以，你會如何設計你的會員權益？你可以考量以上四個會員權益設計的因素，來設計你的會員制度。這個制度對了，會員經營就成功一半！

✐ 品牌筆記

會員權益的設計是對會員的長期承諾，絕不可以短期內不斷調整會員的權益，尤其是調降權益等級。

20. 會員經營三部曲：創造入會渴望

　　我在商業總會、出席演講或各種與企業互動的場合中，發現很多企業並不是沒有收集顧客數據，而是沒有好好發揮數據的價值，有些企業甚至有龐大的顧客資料庫，只是束之高閣、備而不用，卻每天喊著生意難做。

　　這種現象，不僅僅是發生在實體企業，也出現在很多網路公司，讓我非常的詫異。在這個大數據時代，有人把這種現象形容為「坐在黃金上的乞丐」，一點也不為過。

　　然而，如何把數據變黃金？世上沒有簡單的事，我會把大數據會員行銷分成三個階段，每一個階段都需要非常細膩的操作，因為這是涉及到「人」的感受。

　　這三個階段分別是**入會前、入會時**，以及**入會後**要做的事。

　　「入會前」要告訴潛在的消費者，為他所設計的「頂級」會員權益。目的是讓知道的人都渴望立即成為會員。這個階段所做的事，決定這個會員系統能否大成功。

　　會員的權益一定很多，不必每個都拿出來說，就像手機的功能很多，宣傳時不需要把每個功能都拿出來跟消費者溝通，只要訴求最厲害的四鏡頭照相畫質即可。

　　例如阿聯酋航空 A380 的廣告，傳遞珍妮佛安妮絲頓（Jennifer Aniston）在機上享受水療淋浴後，赫然發現一位小男孩占據了她的座位，接著出現頭等艙、商務艙，以及擺滿紅酒及點心的貴賓休息室，讓人們極度羨慕這樣的

頂級禮遇。然而，這豈是每個人搭飛機都可以消費得起的？但是，它卻是勾起每個人一輩子都想去嘗試一次的念頭。

另外，星巴克是現在少數還在發行實體卡的企業。我在兩岸都各有一張星巴克「金卡」，上面還印有我的名字。我發現身邊擁有這張卡的朋友，還會拿出來炫耀，只因爲這張卡上有他的名字，而且儼然像是一張鍍金的卡。

這兩個例子告訴我們，你要盡可能的把殺手級的服務或優惠攤在消費者眼前，同時詳細說明各種權益價值，最終目的就是讓消費者成爲會員。

這個殺手級的服務或優惠，可以大到像阿聯酋航空的貴賓服務，也可以是一道菜、一首歌、一個小禮物，或者一張免費兌換券。花旗銀行與王品集團及威秀影城合作推出「饗樂生活卡」就是主打「你生日我請客」、「看電影買一送一」，成爲近年來發行最成功的信用卡。

全球最大的影音平台 NETFLIX、Apple Music 等，也都提供 1 到 3 個月不等的免費觀看、試聽服務，吸引消費者加入會員，立即體驗。

「入會時」就是一旦消費者加入會員那一刻開始，你就要給她／他絕佳的體驗；至少可以做兩件事：一是立即給會員一封 welcome letter（歡迎信），二是告知會員應有的權益。

welcome letter，可以是一封 email、一通電話、一則簡訊，或者是一個推播訊息，端視行業特質而定。告知會員應有的權益，包括如何行使用戶權益及各種限制條件，這方面做的最好的公司，堪稱是銀行及信用卡業者。

最後，我要再強調一次，一個以會員爲經營導向的公司，一切行銷活動的設計，最終目的都是要將消費者導入成爲會員！

至於「入會後」要做的事，我就留到下一篇文章，再跟大家分享了。

✐ **品牌筆記**

大數據會員行銷分成入會前、入會時，以及入會後三個階段，每一個階段都需要非常細膩的操作，因為這是涉及到「人」的感受。

21. 會員經營四部曲：會員行銷創造高業績

我相信你也曾經加入各種品牌的會員，但是，是不是大部分在你填了資料之後，它們就與你「失聯」了呢？

身為一個鐵粉，最期待的是該品牌會跟我產生哪一些互動？我把它歸類為四類活動：即**權益行銷、預測行銷、互動行銷及全員行銷**（圖 1）。分別說明如下：

我發現許多公司很努力的設計會員權益，最後卻沒有拿出來好好跟消費者溝通，不知道權益等於沒有權益。

「權益行銷」，就是要用後台的大數據，監測會員的消費狀況，提醒會員可以不斷升級，享受更高的權益。例如星巴克會提醒你，只要再累積

■ 圖 1. 四大類會員行銷

30 點就可以免費獲贈一杯中杯飲料；電商會提醒你只要消費金額累積到 500 元，就可以享有免運費服務；航空公司可以提醒你只要再飛行一趟或者再增加多少里程，就可以升級為金卡會員，享受行李通關的快速服務。

這樣的例子可以發想非常多，重點是讓會員知道有更高的權益等著他，吸引他努力消費，甚至養成消費習慣，把鐵粉養成金粉。

「預測行銷」，就是要用大數據的概念，建立模組，預測顧客的消費行為，適時推薦他需要的產品。預測行銷可以再分為「一般購買行為預測」及「產品購買週期預測」。

一般購買行為預測：預測行銷透過演算模組，可以預測一名高中女生已經懷孕，而開始寄送嬰兒服裝及孕婦服裝的宣傳 DM 給她，甚至讓她爸爸震怒，因為這名高中女生的爸爸還不知道自己女兒已經懷孕，最後還得去跟 Target 百貨道歉並致謝。

預測行銷透過關聯法則學習（Association Rule Learning），Amazon 及 Walmart 等零售商，可以知道消費者購買貨品之間的關係，在你買了 A 產品後推薦你買 B 產品，或者把 B 產品陳列在 A 產品旁邊，大大的增加成交的機會，Amazon 甚至有 30% 的營收來自預測行銷。

透過購買行為也可以預測消費者的購買傾向，例如對於購買平價或低單價產品的顧客，推薦他促銷的產品；對於喜歡購買高單價產品或高價值品牌的客人，則推薦他高價值的產品組合或新產品。

產品購買週期預測：產品購買週期則是簡單又易於理解的預測方式，因為大部分的產品都有很明顯的購買週期，例如咖啡可能每天都要來一杯、朋友聚餐每個月至少一次、高級餐廳也許一季只能去一回、學生每個學期都要買一些文具用品、每年至少出國旅遊一次等。只要掌握住每一類

產品的購買週期，在消費者的購買點之前，推播他必要的產品資訊、優惠方案等，就可以大大提高產品的購買機會，為公司創造更高營收。

產品購買週期是結合消費者行為的預測方法，例如你可以將所有顧客劃分為一個購買週期、兩個購買週期、三個購買週期回來，以及超過三個購買週期未回來的客人，分別給予不同的行銷方案。

例如：對於一個購買週期內回來 1 次以上的客人，表示對品牌及產品的忠誠度及支持度都比較高，可以進一步推薦關聯性的產品組合，進行交叉行銷 (Cross-sales)，提高營收。對於超過一個購買週期尚未回來的顧客，可以發送提醒訊息（如問候），加強對顧客的關心，引起他的注意。對於超過兩個購買週期尚未回來的客人，表示這位客人準備進入「冬眠」的狀態，必須包裝更有吸引力的優惠方案，來吸引顧客回籠。

最後，對於超過三個購買週期尚未回來的客人，表示該名顧客可能已經離你而去，如果經過多次的溝通仍未取得任何回應（例如未開信、未讀訊息），表示你應在該筆資料做註記，放棄這名顧客了。

我曾和花旗銀行饗樂生活卡的行銷單位合作，為了喚醒進入沉睡中的客人，包裝一個頂級貴賓回購禮遇，祭出了買一送一的超高優惠，結果回來的客人還不到 2%，這說明顧客一旦進入沉睡，就很難被喚醒。

所以，行銷的目標一是避免顧客進入冬眠狀態；二是如果你有超過 30% 的冬眠顧客，你需要好好瞭解這些顧客為何不回來的原因。

「互動行銷」，就是邀請消費者參加專屬的活動，可以分成 1 對 1 的線上活動，以及 1 對多的線下活動。

1 對 1 的線上互動活動，可以做的事情很多，例如請消費者回來填寫未完成的個人資料、分享產品訊息或文章，填寫消費評價或者參加線上遊

戲活動，只要消費者完成互動，即給予犒賞，可以大大增加消費者的黏著性及創造購買機會。

1 對多的線下互動活動，通常是為忠誠粉絲或頂級會員所舉辦的專屬活動，例如金星之夜、包場派對、百貨公司的封館預購、小米的米粉節等。這類活動的舉辦成本很高，但卻可以創造高價值會員的認同度，因而創造更高價值的消費機會。

最後一項是**「全員行銷」，也就是只要是會員，不分等級，都可以參加這類活動，**包括購前提醒、購後致謝、生日祝福、結婚紀念日慶祝、節慶關懷及新品訊息告知等六小類。這類活動目的不在於銷售，在於關心、在乎，而不是想要賣產品的時候才出現。（圖 2）

■ 圖 2. 全員行銷時機

購前提醒，是消費者已經預約了某項服務、把貨品放在購物籃或在餐廳訂了位，就可以發個溫馨的提醒。購後致謝，就是感謝消費者的購買及光臨，同時也可以邀請消費者填寫滿意度問卷或評價。生日祝福及結婚紀念日，則是人生中最重要的時光，根據我的經驗，這兩個節日可以為高價餐廳帶來三分之一的營收。節慶關懷，則包括七個主要節日的問候：春節、

端午節、母親節、兩個情人節、中秋節、聖誕節。

　　過去 10 年，因為沒有很好的 MarTech 工具，我的團隊執行這些會員行銷活動，靠的是跟 IT 部門一起打造會員關懷系統，需要花相當多的時間規劃、發展、測試系統，不是每一個公司都有這樣的人力及資源可以辦到的。目前，台灣的 MarTech 公司累積了多年客戶經驗，開發出雲端的 MarTech 服務，讓你可以不需要花費大量的人力、時間及金錢，就可以用到顧客關懷的功能，目前涵蓋了 8 個節日的範本文案，同時還有萬用卡的功能，可以說解決了會員經營重複性、繁瑣性，但又非常重要的服務體驗。（如圖 3）

■ 圖 3 .Vital CRM 的會員主動關懷服務

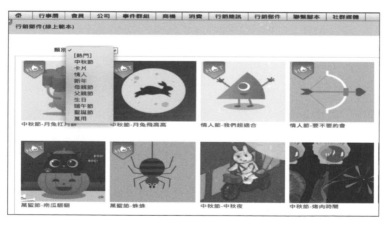

Source: 叡揚資訊提供

　　當你掌握了會員資料之後，會發現還有很多事情可以做，至少有兩件事我覺得很有效：一是「MGM」、二是異業合作。

　　MGM：就是 Member Get Member，就是請現有的會員去邀請新會員

加入，成功後雙方都可以給予優惠，無論是傳統品牌或網絡品牌都非常適合。最常見的例子，就是 Uber 鼓勵目前司機，邀請新司機加入平台；信用卡公司請持卡人介紹新卡友，一旦成功，雙方都能得到好處。

有的公司，甚至把會員資格擴大為家庭或朋友共享，Costco 是最早這麼做的零售品牌之一；Apple Music 則是允許你邀請家庭成員，共享音樂，一人購買，全家受惠，大大增加會員的黏著度。電商巨人 Amazon，則在調整會員費時，推出家庭會員，每一個家庭用戶可以包括 2 名成年人、4 名青少年和 4 名孩童，讓會員倍數擴增。

異業合作：當你手握龐大的會員資料，你賺的就不只是會員財了。你可以透過異業合作，一來為你的會員爭取權益，二來提高會員貢獻。2015年，我負責管理 14 個品牌，會員總數超過 1 千萬，比較新的品牌有 30 萬會員、久一點的品牌有超過 200 萬會員。當品牌的忠誠顧客超過 10 萬時，我的團隊開始對外尋求異業合作，透過為對方宣傳的方式，為顧客爭取到很多試吃、試用、禮品、抽獎、優惠券，記得當時募集到的各種產品贊助項目，包括化妝品、保養品、食品、機車、機票、手機、平板電腦等等。因此，到了後期，我們送給顧客的禮物，已經不是像早期一樣，是公司出錢採購的。

異業合作是一種互惠的概念，當你得到跨品牌業者的「贊助」時，就是要應用你手上的強大武器，就是「會員」，把對方的品牌訊息擺在最明顯的版面，透過網路及實體的店面為它宣傳。這些訊息，除了你的會員會看到，因為有好處更願意來消費；還有，其他的品牌商也會看到，進一步會吸引來更多的合作對象，一舉多得。

「入會後」的行銷活動，是大數據行銷最精采的一段，也是最有機會

為公司不斷創造營收的一段。但是我發現，很多公司把會員招來以後，通常不作為、不互動或少互動，可以說非常可惜。

　　我認為要徹底的發揮大數據會員經營的價值，要在品牌行銷組織之下設立一個獨立的小組，結合大數據的人才以及行銷的人才，專門來經營會員。根據我的經驗，以及觀察國際上電子商務崛起的歷程，這項投資非常值得！

　　✐ **品牌筆記**

要徹底的發揮大數據會員經營的價值，要在品牌行銷組織之下，設立一個獨立的小組，結合大數據的人才以及行銷的人才，專門來經營會員。

IV.
大數據 × 預測行銷

大數據分析就是針對個別消費者
一對一的預測、推薦分析。

22. 大數據預測行銷的幾個重要觀念

有一個問題困擾我一陣子，相信也同樣困擾著你。就是大數據預測行銷，到底與數位行銷有什麼關係？

大數據預測行銷是不是數位行銷的一部分？隨著對這個領域的投入與知識的積累，事情的輪廓就愈來愈清楚。大數據行銷 (Big Data Marketing)、大數據預測行銷 (Big Data Predictive Marketing)、大數據預測分析 (Big Data Predictive Analytics)，這三個名詞基本上是同一類的，如果大數據科學用在行銷上，我們把它稱為大數據預測行銷，但是把它用在非行銷領域，如教育、醫療，或者 AI 的發展等，就可以把它稱為大數據預測分析了。

數位行銷 (Digital Marketing) 對你來說，應該比較好理解，它就是現在很多人在網路上投放廣告、行銷產品的行為。

所以，大數據行銷或大數據預測分析 (後文會交替使用)，你手上一定要有資料，而進行數位行銷則不需要，例如你在 Facebook 投放廣告時，你手上並沒有資料，但是廣告上線後，你就會得到很多的消費者行為數據，這些數據可以作為大數據分析的基礎。

再者，大數據分析的數據來源，不僅僅是網路，還包括實體企業收集到的各種數據。**因此，大數據預測分析一定要有數據；沒有數據，就要開始思考要解決什麼問題？收集什麼數據？**

在執行大數據預測行銷之前，有幾個觀念，你一定要先弄清楚，之後

才不會一直處於天人交戰。

　　首先，大數據預測分析是向資料學習。零售賣場為什麼會知道買紙尿褲的爸爸，也會順便把啤酒帶回家？美國 Target 百貨為什麼會知道，某高中女生可能已經懷孕？為什麼自駕車，看到行人會煞車？這都是向手上既有的資料學習，所謂學習，就是應用演算法，建立預測模型，這個過程就是所謂的機器學習 (Machine Learning)。

　　第二，如果兩件事有關係，不代表有「因果」關係。例如疫情期間，發現很多人不吃日本料理，這兩件事好像有關係。如果從歷史資料，我們發現，冬天吃日本料理的比率本來就比較低，而疫情恰恰好發生在冬天。所以，這兩個事件可能有因果關係，也可能沒有；而大數據預測分析，在當下只關心這兩件事的關係。

　　第三，過度解釋因果關係，可能帶來更大的誤導。我閱讀大數據預測分析的文獻，有一個例子引起了我的興趣。在沒有 PPT 的時代，一個醫學研討會，主持人放了一張投影片請大家解讀，正當台下的醫生花了 10 分鐘，熱烈的解釋各種因果關係，主持人突然說「不好意思投影片放反了」，然後把投影片翻過來，台下的醫生完全不在意的繼續各種解讀。該文作者發現，人們喜歡就各種現象做過度解讀，反而歪曲了事實 (這不禁讓我想起充斥著名嘴的台灣政論性節目)。

　　第四，大數據分析，更在意預測結果。應用大數據建立機器學習預測模型，我們並不急於瞭解現實世界中，複雜的因果關係；我們更在意，一件事發生之後，下一件發生的事會是什麼！也就是當你看到 A 事件，你要能夠預測接下來會發生 B 事件，還是 C 事件。我常常在平時的生活中，做這樣的練習，你也可以試試看，結果會非常有趣！

第五，準確預測比解釋更重要。應用大數據建立機器學習預測模型，我們不在意爸爸為什麼會同時買啤酒，我們也不在意高中女生為什麼會懷孕、行人為什麼會出現在街上。大數據預測分析關注的是，能不能準確的預測這個爸爸會把啤酒帶走？高中女生會不會來買孕婦裝？自駕車會不會即時煞車？準確率，也就是轉換率高低，就決定這個大數據預測分析（或模型）神不神了。

最後，預測只是手段，重點是對應的策略方案。當大數據預測分析顯示，買紙尿褲的爸爸，也會順便買啤酒的時候，你可以做什麼？這才是重點。如果你是行銷或賣場的主管，你可以思考：啤酒跟紙尿褲是不是可以擺放得靠近一點（這是陳列策略）？銷售不好的啤酒品牌是不是可以跟紙尿褲聯合促銷（這是促銷策略）？可以找啤酒品牌談合作，想要賣得好的話，就陳列在第一品牌紙尿褲的旁邊（這是異業合作策略）。

總之，要把大數據科學發揮到淋漓盡致，企業需要的不只是大數據分析師，而是大數據科學家，就是同時具有該產業專業經驗的分析師，能夠分析數據，形成觀點，提出策略性方案。這個任務正是大數據 AI 機器人，目前很難替代的高附加價值工作。

✐ 品牌筆記

企業需要的不只是大數據分析師，而是大數據科學家，就是同時具有該領域專業經驗的分析師，需要能夠分析數據，形成觀點，提出策略性方案。

23. 大數據的商業分析與預測分析

常有人問我，「大數據爲什麼突然爆紅？」這句話，對，也不對。

對的部分是「爆紅」。軟硬體的進步、資料蒐集及儲存成本的大幅降低，以及消費者的變化太快，以致於企業需要即時數據分析，四個原因俱全，才使大數據一夕爆紅。

但早在「大數據」這個詞出現之前，許多企業已經開始用 ERP 和 CRM 系統，來記錄生產及顧客的行爲軌跡。所以有位流通教父就說：「大數據？我們早在用了！」

但是他說的大數據，指的其實是「商業分析」。

商業分析，是應用簡單軟體的工具，例如 Excel，來分析靜態資料。企業內 80% 以上的決策，我們都能用商業分析方法解決。

除了商業分析，大數據的另一個重要功能是「預測分析」。現在爆紅的大數據，指的就是預測分析。

預測分析，通常是用高階統計軟體，例如 KNIME[1]，來分析現有資料，進而預測個別消費者未來行爲。預測分析，雖然只占分析的兩成，但往往能爲企業創造另外 80% 的價值。（圖 1）

聽起來很屬害，對吧？那麼，你的公司能不能導入預測分析呢？可

---

1. KNIME 是一個整合機器學習（Machine Learning）與資料採礦（Data Mining）的大數據模組化工具，也是免費的開放資源，功能接近需要付費的 SAS。

常用商業分析方法	高階預測分析方法
使用比較簡單的方法分析資料，呈現的結果是一個平均數的觀念，例如 Excel 等。	使用高階的統計軟體分析既有資料、預測個別消費者未來行為，例如 KNIME 等。

以從這五個面向思考：

　　第一個面向，是否擁有跨領域人才。我在前面提過，大數據涉及三種領域專業：資訊、統計與商業實務專家；同時具備這三種專業的人，稱爲「數據科學家」（Data Scientist）。大數據應用，不能只靠資訊或者統計分析專家，最重要的是要有懂得解讀、提供觀點的實務專家；同時這些實務領域的專家，也要對資訊及統計應用與分析有基本概念。

　　第二個面向，是分析工具，包括量化與質化分析。質化分析，處理的是非數字的大數據，例如輿情分析。常用的工具例如 InfoMiner，它每 5 分鐘會擷取最新相關資訊，包括誰在攻擊你、誰在討論你、發生什麼跟你有關的事。它讓使用者能比對手更早發現關鍵訊息、掌握競爭優勢，台北市長柯文哲之前競選時，就是使用這個工具。

　　至於量化分析的工具，則可以分爲商業分析工具與預測分析工具，也可以把它視爲不同的演算法，分析重點不一樣。

如果是網絡品牌，可用的大數據監測與分析工具就更多了：

比如說，Facebook Like Checker，它能幫你確認對手的臉書究竟有多少個「讚」，也就是真正的粉絲數。Facebook Business Manager，則能幫你管理帳號、粉絲頁、和所有管理員。 Facebook Analytics，則能讓你瞭解既使用手機又使用電腦的顧客的瀏覽路徑，並分析顧客的行為。

除了這三種臉書工具，還有另外兩組工具。

第一組是流量分析。大家最常聽用的大概是 Google Analytics，它能從流量幫你判斷你的廣告效果，也能追蹤影片、社交網站、APP 的成效。Amazon 的 Alexa（www.alexa.com），也有類似的功能。

第二組是社交媒體分析工具。比如說，Quintly（www.quintly.com）能幫你追蹤品牌在社交媒體上的表現。無論是 Facebook、Twitter、YouTube、LinkedIn、Instagram，你都能透過與對手比較，優化你的社交媒體策略。Socialbakers 也有類似功效。

第三個面向，是決策時間。如果公司給的決策時間短，那就用簡單的工具進行商業分析；如果決策時間長，就可以建置大數據的分析系統及軟體工具。要建立一套大數據應用系統，是需要有步驟的。（詳見 24. 商業分析 6 步驟、25. 預測分析 6 步驟）

第四個面向，是預期報酬率。預測分析的報酬率，最明確的就是**轉換率**，也就是點擊數轉換成訂單數的比例。導入預測分析之前，轉換率通常很低，1% 到 2% 就已經算是不錯了。但 Amazon 導入大數據導購後，黃金會員（Prime Member）的轉換率就超過 7 成 [2]。

---

2. AMAZON'S AMAZING 74% CONVERSION RATE － #CRO #CX #UX (https://reurl.cc/N6oIEp)

最後一個面向，是電腦硬體的資料處理能力。這部分包括處理及儲存。除了有夠多的儲存空間，還要有處理能力，才能應付大量的資料處理。如果你只是剛開始，資料連 10 萬筆都不到，也不需要把硬體投資一步到位。大數據系統的建置，需求的規劃，可以說比軟硬體投資重要；沒有規劃，絕對不要輕易把硬體買回來。

　　許多企業一直都在做「商業分析」，而「預測分析」則是未來可以開發的分析方向。

　　大數據是未來的黃金，如果不希望十年後變成「坐在黃金上的乞丐」，現在就開始採取行動吧！

　　✐ **品牌筆記**

　　企業內 80% 以上的決策，我們都能用商業分析方法解決；預測分析雖然只占分析的兩成，但往往能為企業創造另外 80% 的價值。

24.商業分析 6 步驟：商業分析要有觀點

我在奧美集團服務的 12 年，每個月，我都要做很多客戶提案；當主管後，則要看很多同仁的報告。修改報告、提升報告品質，就成了一個很花時間、也很重要的工作。

同事們寫的商業分析報告，最常發現的問題包括：章節繁多令人眼花繚亂、分析與結論交互出現、觀點很少解決方案更少、沒有執行時間與預算等。

為了解決這些問題，我要來介紹一個 6 步驟的**商業分析流程：TASSS$，**Task -Analysis - Strategic viewpoint - Strategic option – Schedule - Budget（圖 1）。這是一個經過實務檢驗，最容易被管理階層及聽講者理解的商業分析方法，非常好用！

■ 圖 1. 商業分析 6 步驟

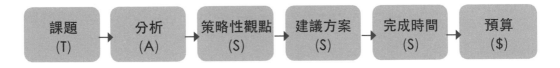

首先來看第一個步驟，Task，就是課題。

報告中所有的分析跟結論，都要圍繞著「課題」。如果能塑造吸睛的題目，就能提高讀者的興趣，用問句破題也是一個被證明有效的方法，例如「銀行分行坪效分析」、「國際品牌策略」，就不比「如何提高銀行分

行的坪效？」、「如何打造一個國際品牌？」有吸引力。

第二，Analysis，分析。

資料到處都有，但要寫出一份聚焦的報告，分析的範圍就要僅限跟課題有關的資料。要用哪些工具做分析呢？我偏好使用 STEP、競 - 消 - 我，以及 SWOT 三種分析。

第一種 STEP[3] 分析，對象是環境面。指的是從社會（Society）、科技（Technology）、經濟（Economy）與政治（Politics）四個角度來分析。

第二種「競 - 消 - 我」分析，就是「競爭者 - 消費者 - 自我」分析，對象是產業面。要思考「誰跟我競爭？」「消費者怎麼看？」「我們有什麼優勢？」這三個問題，正好構成一個金三角。

簡單講，就是要找出「我們家有的、別人家沒有、消費者想要」的差異化產品與訴求。

第三種，SWOT 分析，對象是企業面。SWOT 這四個字，分別代表優勢（Strength）、弱點（Weakness）、機會（Opportunity）與威脅（Threat）。SW 分析的是企業內部的優勢與弱點；OT 分析的是企業面對的外部機會與威脅。SWOT 四者交叉，可以形成不同的策略與觀點。

SWOT 通常能作為前面兩種分析的結論。有些簡要的商業報告，也會直接用 SWOT 開始分析並做成結論。

第三，Strategic viewpoint，策略性觀點。

這裡要提醒你，「觀點」與「發現」是不一樣的，發現是「提出事實」，「解讀事實」才是觀點。

---

3. 一般教科書會用 PEST 來表達，不過這四者並沒有先後關係。

舉例來說，「台灣每年出生人口低於 20 萬」，這是分析後的「發現」；「父母在每個小孩身上的支出金額將會增加」，則是解讀事實後的「觀點」。

第四，Strategic option，策略性方案。

有觀點，才能說服；有方案，才能執行。所以，方案也代表了執行力。

比如說，分析報告發現「環境污染一年比一年嚴重」，策略觀點可以是「發展電動車減少污染源」。但是該怎麼做呢？是稅務補貼？消費者購車補貼？還是廣設充電站？這些就是策略方案了。

第五，Schedule，執行時間表。

主管最關心的就是執行時間表了。有了時間表，就可以討論何時開始？如何進行？何時完成？我當主管時，只要同仁有執行的時間表，我就不再「緊逼」工作。因為有進度，主管就會放心；主管放心，工作者就有自主性，好處多多。

第六，Budget，預算。

最後一個步驟，就是提出預算。我習慣預算多編 10%，因為執行時總有一些不可預測因素。但實際執行時，花每一分錢都要非常謹慎，所以最後往往還是可以少 10% 費用，達成目標。

一份好的商業分析報告，當然可以更精密、更複雜；但 TASSS$ 是經過實證的，最基本的原則。

一般而言，很有經驗或具有策略制高點的人，才提得出策略方案。所以，我看報告的時候經常發垠，往往「發現很多，觀點很少」；不然就是「觀點很多，方案很少」，導致計劃流於口水，難以推動。

觀點才是分析的結論，也才能透露報告者的功力。**所以我看報告，會**

先看中間的兩個 S，也就是策略性觀點與策略性方案，判斷這份分析是否言之有物。如果有，再回頭來看看分析有沒有道理。

所以，做分析要多琢磨策略性觀點與策略性方案。大數據決策，指的正是看了數據之後產生觀點；或有了觀點之後，再找數據佐證。

觀點能驅動數據，即 Insight drives big data，沒有觀點，大數據分析就沒有意義了。

✐ 品牌筆記

做分析要多琢磨策略性觀點與策略性方案，所謂 Insight drives big data，沒有觀點，大數據分析就沒有意義。

25. 預測分析 6 步驟：建立精準模型

　　我在加州大學進修「大數據預測科學」上課的第一天，教授在白板上寫下的第一句話就是「predicting something for an individual case」；也就是，大數據分析就是針對個別消費者一對一的預測分析。

　　我當時很疑惑，提起勇氣舉手發問，「for an individual case ？」

　　沒錯，大數據預測分析，談的不是一群人、一群人的市場區隔，而是一個人、一個人的行為預測。

　　為什麼馬雲會說，大數據是現代的石油？因為大數據不僅可以加工後拿來販賣，也可以用來「預測」個別消費者的行為，同時「推薦」適合的產品，但是要把這件事做好，首先就是要循序漸進的把分析模型建立好。

　　預測分析也有六步驟，目的是要建立一個預測模型，精確性很關鍵。因此，流程必須比商業分析更嚴謹。

　　預測模型的建立，有三種派別，分別是 SAS 公司的 SEMMA、SPSS 公司的 CRISP-DM，以及我歸納出比較容易理解的方法：**TAMEDI，分別代表六個步驟**：Task、Analysis、Modeling、Evaluation、Deployment 及 Interpretation & Insight。（圖 1）

　　首先來看第一個步驟，Task，就是課題。

　　與商業分析最大的不同是，預測分析的課題，是解決「一個個人」的問題。例如：「如何提高每一個顧客的貢獻率？」、「如何喚醒每一個沉睡中的客人？」

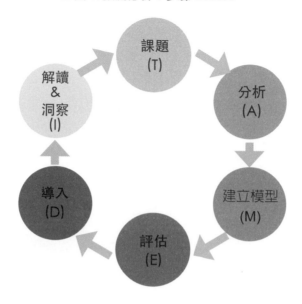

　　如果用在非社會科學的領域，透過模型的建立，可以用來判斷諸如迎面而來的是一部車或者一隻寵物？以及是一部轎車還是卡車、是一隻貓還是狗？

第二，Analysis，分析。

　　大數據科學為什麼會有這樣的威力？因為它吸收了人類累積的資料，經過消化後告訴你未來是什麼，它的概念有點像氣象預報。

　　因此，資料的正確性決定預測的準確性。所以分析的第一步是理解現有資料、清理不必要的資料，以便確認所要分析的資料集都是可用的、有用的。

第三，Modeling，建立模型。

建立模型的演算法很多，首先要決定採用何種方法，每一種演算法都有優缺點，沒有絕對的好或壞。

不過，你也不需太煩惱到底要使用哪一種預算法建置模型，因為大數據 AI 公司已經把複雜的演算法內建在軟體內，如 SAS Viya 把模型建立可用的方法，分類為機器學習 (Machine Learning)、深度學習 (Deep Learning) 及自然語言處理 (Natural Language Processing) 等多達 200 種以上的演算法 (圖 2)，而且在建模的過程中還可以自動推薦！

■ 圖 2.SAS Viya 提供的預算法

Source: SAS 公司提供

在建立模型時，要先將手上的資料分成「Training Data」及「Test Data」兩部分。通常，80% 的資料是 Training Data，用來建立初步模型；

另外 20% 的資料是 Test Data，用來驗證模型的正確性。大數據軟體都可以讓我們設定這兩種資料的比率，同時隨機抽取。

第四，評估，Evaluation。

初步建置預測模型後，我們需要以 Test Data 來進一步驗證模型，評估模型的準確度及適用性，這部分內容詳見：30. 如何評估演算法的好壞？

第五，Deployment，導入。

這個步驟，是將已經確認之演算法及模型，導入實務的應用。這個階段操作系統的人就是使用者或者是前檯的人員，例如客服部門、行銷部門、銀行的核卡部門等，不再是跨領域的大數據科學家。

第六，Implementation，執行。

最後這步驟，就是透過已經建置的大數據 AI 模型，當有新資料進來時，做出預測判斷。我們應用大數據及預算法建立了預測模型，這個模型也就可稱爲 AI 機器人了。

用什麼領域的大數據建立模型，就會形成那個領域的 AI 機器人。例如：如果是理財 AI 機器人，就會預測應該推薦何種理財產品或是否貸款給一位客人；如果是腫瘤診斷 AI 機器人，就會判斷該患者是否已經得了某種癌症；如果是人臉辨識 AI 機器人，就會判斷是否解鎖此人之 iPhone 或給予通行。

誠如一開始跟你釐清大數據的重要觀念，預測只是執行的開始，對應的策略方案才是最重要的。例如買紙尿褲的爸爸也會買啤酒，你就可以把啤酒陳列在紙尿褲旁邊，這樣可以大幅提高啤酒的銷售，也就是推薦產品的轉換率會提高。(詳見 22. 大數據預測分析的幾個重要觀念)

另一方面，在業務執行的過程中，新的數據、預測結果、轉換率等資

料也會不斷的回饋到系統中，**透過反覆的機器學習（Machine Learning），預測模型也會不斷修正，預測就變得愈來愈厲害，這就是為什麼 AI 機器人，最終能打敗世界圍棋大王。**

因此，這六個步驟不斷循環，你的大數據模型、AI 機器人的預測、推薦，就會愈來愈精準，顧客行為的掌握度也會愈來愈高！

✎ 品牌筆記

TAMEDI，六個步驟不斷循環，大數據模型、AI 機器人的預測、推薦，就會愈來愈精準，顧客行為的掌握度也會愈來愈高！

26. 商業分析，行銷主管該關心的 9 個課題

行銷人經常要對品牌或產品做分析報告，八成的行銷課題，都能透過商業分析來完成。但是，值得分析的議題很多；如果你是行銷總監，該優先分析哪些議題呢？我歸納出以下 9 個議題：

1. 我的目標對象是誰？
2. 各品牌的消費對象有何不同？
3. 消費者購買了什麼產品？
4. 消費者對產品的滿意度如何？
5. 消費者都接觸什麼媒體？
6. 什麼通路的銷售最好？
7. 什麼促銷活動最有效？
8. 品牌是否已經老化？
9. 新舊客人的比率有何變化？

第一個議題，我的目標對象是誰？ 究竟是誰買了我們的產品？與我們原本設定的對象，有何不同？這裡需要特別注意的是，銷售對象與行銷溝通的對象，可以不一樣。

例如，Nike 的溝通對象是年輕人，但它訴求的是「運動家精神」，因此吸引到的銷售對象非常廣泛，從 18 歲到 80 歲都有可能是它的購買者。

又如，BMW 的車主，往往是具有經濟實力的人；但廣告訴求並不侷限於這些對象，而是對所有買不起 BMW 的人在溝通。

第二個議題，各品牌的消費對象有何不同？ 也就是說，你的品牌消費者，與競爭對手的消費對象有何不同？

舉例來說，Nike 與 Adidas、BMW 與賓士、王品牛排與 Lawry's、信義房屋與永慶房屋，雖然都屬同一產業類別，但是目標消費族群卻不見得相同，可能是人口統計特徵不同，也可能是心理狀態的差異。

第三個議題，消費者購買了什麼產品？ 同一個品牌下，往往有許多不同產品，消費者究竟買了哪一種產品？是主打產品？高單價產品？還是促銷產品？

如果你經營的是多品牌，你也會想知道，各品牌的交叉銷售情形，例如買了 A 品牌的消費者，是否也去過 B、C 品牌消費。透過這個分析，可以瞭解品牌的定位是否成功，或者可用以訂定交叉銷售的策略。

第四個議題，消費者對產品的滿意度如何？ 產品消費的滿意度，是顧客是否再度光臨的重要指標之一。

大數據時代，產品的滿意度資料，不只來自企業自己的調查。更重要的，還有來自網路的評價；評價受重視的程度，甚至逐漸取代了企業的調查。（詳見 39. 經營內容品牌 PRRO 取代 AIDA）

第五個議題，消費者都接觸什麼媒體？ 顧客是因為接觸了哪些媒體，才知道你的品牌？他們除了接觸傳統媒體，還接觸了哪些線上媒體？是網站、APP 推播、網路廣告、cmail、還是社群？

瞭解訊息的來源，是為了找到最符合成本效益的溝通管道。

第六個議題，什麼通路的銷售最好？ 企業都想知道，訂單是從哪裡進

來的？線下與線上的來源比率如何？

許多品牌的銷售結構正在改變，來自線上的訂單，剛開始比率可能偏低，但會不斷成長。例如餐廳的訂位，目前來自線上的比率多在5%以下，但有逐漸增加的趨勢，值得企業好好耕耘。

第七個議題，什麼促銷活動最有效？品牌的促銷活動愈來愈多，哪一種最有效？恐怕很多人並不知道。

要找出哪一個促銷活動最有效，首先要在每一種促銷上註明來源。實體行銷，最常見的做法就是採用 QRCode，記錄消費者兌換內容及何時兌換，事後分析就能知道哪一種優惠方案最能夠打動他們。網絡品牌，記錄及分析促銷活動，則相對容易。

第八個議題，品牌是否已經老化？過去成立滿10年的品牌，才會出現老化的現象；現在一個品牌滿3年，就有可能需要進行品牌再造。

品牌老化，會反應在很多面向上，例如品牌承諾[4]不再被認同、消費者厭倦現有的品牌風格、品牌不再被消費者討論，還有客層結構老化。尤其是最後這一項，其實可以透過商業分析確認。

第九個議題，新舊客人的比率有何變化？找出新舊客人的黃金比率，是行銷總監很重要的功課。

萬一你發現，新客人愈來愈少，老客人愈來愈多，可千萬別高興地以為品牌忠誠度很高。**真相很可能是，你的品牌無法貼近年輕人或新客人的**

---

4. 品牌承諾 （Brand Promise）：是品牌長期提供給消費者的核心價值。好的品牌承諾也可以化作一句簡潔有力的標語，例如早期麥當勞是「歡樂美味就在麥當勞」，現在是一句更時尚的「I'm lovin' it」。

喜好。

　　根據我的經驗，一個成熟的品牌，如果老客人比例大於 7 成，新客人不及 3 成，就該擔心品牌老化提早來臨。此時，啟動品牌年輕化工程，比什麼促銷活動都來得重要！

　　商業分析，提供的是一個平均數的概念，可以讓我們更瞭解品牌的全貌。但是，當商業競爭來到大數據時代，進入了行銷 4.0，我們更需要瞭解每一個個別消費者的行為。要針對個別消費者投其所好，就要進一步瞭解預測分析了！

✐ 品牌筆記

商業分析，提供的是一個平均數的概念，可以讓我們更瞭解品牌的全貌。

27. 預測分析，行銷主管關心的 9 種個人行爲

之前，我在 NETFLIX 註冊了一個帳號，還沒來得及觀看影片，推薦的內容卻從 Google、Facebook、email 等排山倒海而來。NETFLIX 投資了 800 多個大數據科學家，就是在「預測」及「推薦」我們更多的影片及影集，讓我們離不開它！

預測分析跟傳統商業分析，最大的差別在於，我們不再是分析一整群顧客的行爲，而是預測每一個顧客的個別行爲。

所以，如果你是該品牌的行銷或企劃總監，你該關心顧客的哪些行爲呢？我認爲至少有 9 種：

1. 誰會點擊？（Who will click?）
2. 誰會買？（Who will buy?）
3. 誰會進入「沉睡」？（Who will lapse?）
4. 誰會詐騙？（Who will lie?）
5. 誰會掛掉？（Who will die?）
6. 誰會是恐怖分子？（Who will be terrorists?）
7. 什麼時候買？（When will he/she buy?）
8. 買什麼？（What will he/she buy?）
9. 花了多少錢？（How much?）

這 9 種行為分別代表什麼意義呢？我來說明一下：

第一種，誰會點擊？ 要觀察顧客在網路上的行為，有 5 個重要指標：流量、曝光量、點擊率、參與率與轉換率。（詳見 33. 預測行銷 6 個 KPI 檢視成效）

但談到點擊，許多人最先想到的就是流量。對行銷人來說，談流量是不夠的，還要進一步分析，誰點了連結？誰開了電子信？誰會點進網站或活動網頁？這個人就是品牌的活躍潛在消費對象。

第二種，誰會買？ 點擊的人很多，但是誰才是最後購買產品的人？這就是轉換率。企業花錢行銷，最後關心的也是這個。

預測行銷的目的，就是要精準預測顧客購買行為，不斷提高轉換率。這群人是最有價值的顧客，同時構成有效的資料集，透過演算法建立預測模組，下次若有新的顧客加入，就可以精準推薦產品給他們。

第三種，誰會進入「沉睡」？ 除了關心活躍的顧客，行銷總監也要關心可能進入沉睡狀態的顧客。目的是在顧客進入沉睡前，把他喚醒。

這裡說的沈睡，是指顧客已經不再與我們互動，不開信、不登入、不點擊。我輔導客戶時，也會發現，有的企業號稱有數百萬客戶資料集，但是若進一步依照顧客活躍度來分級，可能就沒這麼驚人了。

因為，顧客們往往處在不同狀態，這數百萬筆資料中，可能不到三分之一是「清醒」的，就是最近一年有開信或登入官網的消費者；另外三分之一已經進入第二個購買週期尚未回籠，即將進入「沉睡」狀態；最後的三分之一，可能連續三個購買週期都沒有回應，已經呈現多眠狀態。（詳見 18. 以 RFM 為客群分級）

第四種，誰會詐騙？ 政府機構或大企業，現在都要透過預測分析來反

詐騙，避免民眾及企業的損失。

什麼人大數據學的最快？就是黑道跟騙子。日本黑道喜歡放高利貸給初出社會買和服、矯正齒顎的年輕人、借錢買鑽戒求婚的傻小子，因為他們透過大數據分析發現，這些人不會逾期不還款。

而金融業，也廣泛應用大數據預測分析，預測哪些民眾會詐貸、盜刷，或是逾期不還款，來決定是否核發信用卡或給予貸款。

第五種，誰會掛掉？預測分析也非常適合應用於醫療產業，因為相較於商業領域所收集到的資料，醫療的數據更確實。

例如可以用數據來預測某個阿茲海默症病患多久之後可能身故，從而制定相關政策，如健保給付金額、病床需求、看護人力等。

第六種，誰會是恐怖分子？歐洲及美國不斷受到恐怖分子的攻擊，透過大數據預測誰是恐怖分子成為美國在大數據的主流應用之一。在課堂上聽到教授分享這樣的案例，是身為亞洲學生的我，最感到震撼的事。

一些大公司例如 IBM 等，透過發展各種不同演算法，收集網路、手機使用行為，即時預測誰是炸彈客、假難民及恐怖事件，協助政府預防恐怖攻擊的發生。

第七種，什麼時候買？指的是顧客什麼時候會採取購買行動？是收到促銷的當下？還是平日、假日？白天、晚上？都有不同的意義。

當顧客都在夜間買東西時，很可能這名顧客是一名夜貓子，他需要的是一些舒緩精神，或者幫助睡眠的產品。如果顧客都在週末才買東西，代表這名顧客可能平時很忙，他可能需要一些提升工作效率，或者幫助管理家務的產品。

第八種，買什麼？瞭解顧客買什麼，目的是為了未來可以交叉推薦產

品給他。

如果顧客買了手機，他後續可能需要的是手機套、無限耳機等相關的配件；如果顧客買了行李箱，可能準備要出國，推薦他多國插座、旅行保養組合等旅遊相關用品，就會大大的提高成交率。

第九種，花了多少錢？有些人愛買高單價產品，有些人愛買低單價或 CP 值高的日用品。

如果顧客總是偏愛促銷品，則提供優惠及促銷組合；如果常常購買高價品，則表示這名顧客為了生活品質，願意多花一些錢，則推薦更多高質感的產品或者優質的新產品，才能打動顧客的心。

有些品項太多的電商，透過顧客購買價位的瞭解，找出了特別受歡迎的價格帶，甚至會開闢價格專區，比如「500 元以下」，方便新進入者搜尋，提高成交率。

以上第七項到第九項，是前六種個人行為的結果。目的就是要預測，顧客什麼時候會採取行動，以及會採取什麼行動？

比如，當客戶申請了一張信用卡，銀行就該關心他什麼時候會下單；顧客辦了一張會員證，餐廳就該關心他什麼時候會來用餐；知道顧客的購買時間，企業就可以抓對時間做行銷，以及推薦適合的產品。

大數據時代，顧客的價值遠遠勝於從前，透過大數據預測科學，可以讓每一個顧客發揮數倍的價值，你想要提升業績嗎？這值得你好好重視！

✐ 品牌筆記

> 預測分析跟傳統商業分析，最大的差別在於，我們不再是分析一整群顧客的行為，而是預測每一個顧客的個別行為。

28. 商業分析演算法，就能解決 80% 工作難題

你已經知道，如果你是公司的行銷總監，有 9 個與消費者息息相關的議題，你應該要關心。乍聽之下需要懂得許多計算分析，事實上，商業分析的演算法並不多，只需要知道五種分析方法，就能解決工作中 80% 的難題（表 1）。

■ 表 1. 商業分析演算法

工具	說明	例子
整體分析 Aggregate Analysis	分析某個市場 / 品牌 / 產品的族群結構、消費結構、產品結構、行銷組合等。可以同時比較兩群人的差異，並加以比較。	Facebook 的使用者年齡介於 30-49 歲；王品牛排的主要消費者為 35-49 歲；60% 的顧客點用牛排主餐。
相關分析 Correlation Analysis	分析兩個或多個事件之關係，希望用其中一個事件解釋或影響另一個事件。	網路廣告量與品牌銷售有直接關係。
規模分析 Sizing Estimation	利用既有的資料，估計市場規模。	利用市占率及總人口數，推估市場規模。
趨勢分析 Trend Analysis	分析一段期間內，各個市場 / 品牌 / 產品的走勢，從走勢上升或下降再去找原因。可再分為縱斷面與橫斷面分析。	從歷年的年齡走勢分析，品牌已有老化現象。
指數分析 Index Analysis	以指數大小，判斷哪一個市場 / 品牌 / 產品較為突出。以母體平均數作為分母，各別項目作為分子，會得到三個可能數字：大於、小於、等於 100。	指數小於 95 或大於 105，表示這個項目的反應大於整體平均數，是一個觀察點。

現在，我們一一來看，這五種分析方法的適用情境與優點：

第一種是，總體分析（Aggregate Analysis）。這是最常用、也最易懂的分析方法，可以用來分析某個市場、品牌或產品的族群結構、產品結構或行銷組合等。

如果用來比較競爭品牌，則可瞭解彼此的差異，知己知彼。例如 Facebook 的主要使用者年齡介於 30~49 歲；Instagram 的主要使用者則介於 15~25 歲，明顯比 Facebook 年輕許多。

第二種是，相關分析（Correlation Analysis）。相關分析，就是分析兩個或多個事件之關係，目的是希望找到其中一個事件對另外一個事件的影響。

比如說，有時候我們想知道兩個事件之間的關聯，例如「網路廣告量的多寡，是否與銷售有直接關係？」又或者「上網時間的長短，是否會影響產品銷售的轉換率？」這時候，相關分析就可以派上用場。

第三種是，規模分析（Sizing Estimation）。當我們想進入一個全新的市場時，往往會發現，可以參考的資料相當有限。若是想推估市場規模，則可以用手中有限的資料，來推估市場總量。

例如說，約有 30% 手機用戶使用 iPhone，所以 Apple Pay 的市場潛在規模，就可能是「30% × 手機用戶數 × 每人平均消費金額」。

第四種是，趨勢分析（Trend Analysis）。這裡指的，是一段時間內的總量發展趨勢，又可分為縱斷面[5]（Longitudinal Study）與橫斷面分析[6]（Cross-Sectional Study）。

例如分析 Facebook 年齡結構的改變，發現十年來，年輕人的比率有減少的趨勢，則可判斷為品牌老化的徵兆。這是時間數列分析，也叫縱斷

面分析。又例如，第一季的廣告營收與去年同季相較，增加了 20％，表示出現強勁的成長。同期比較的好處，是能克服季節性影響，這種分析方法叫作橫斷面分析。

我在看營收成長的時候，比較關心橫斷面的分析，因為季節性因素可能使這個月的業績落後上個月，因此只要與去年同期相比還有成長，才是重點。

最後一個方法是，指數分析（Index Analysis）。這個方法簡單，不需要複雜的統計，所以我偏好用這個方法，來找出品牌的目標對象與市場區隔。

舉例來說，將國家總體人口的年齡與 A 品牌的消費者年齡，以 5 歲為一個級距列表，可分為 15~24 歲、25~34 歲、35~44 歲、45~54 歲、55~64 歲、65 歲以上等 6 級。（表 2）

以總體人口的各年齡級距，除 A 品牌對應的年齡層級距，乘以 100，就可以得到三個大於、小於或等於 100 的數字，而我們關心的是指數大於 105 及小於 95 的級距。當指數小於 95，代表 A 品牌的目標對象在該年齡層相對少；大於 105，則代表目標對象在該年齡層相對多。例如 A 品牌在年齡層 25-34 歲及 35-44 歲的指數分別為 124（（＝ 29.5 ／ 23.8）× 100）及 130（（＝ 23.4 ／ 18.0）× 100），表示這個品牌在這個年齡層區間有很大的優勢。

以此類推，指數分析法可用來分析性別、教育程度、地區等，最終可

---

5. Wikipedia: Longitudinal study (https://reurl.cc/GrYpRD)
6. Wikipedia: Cross-sectional study (https://reurl.cc/XkbRMM)

■ 表 2. 指數分析

年齡	人口分布（%）	品牌（%）	INDEX
15~24 歲	16.4	13.9	85
25~34 歲	23.8	29.5	124
35~44 歲	18.0	23.4	130
45~54 歲	13.1	13.2	101
55~64 歲	13.0	12.6	97
65 歲以上	15.7	8.9	57
合計	100.0	100.0	100.0

得出像是這樣的描述：A 品牌的目標市場主要為女性、25-44 歲、大專以上教育程度、住在都會地區的消費者。

　　大數據科學還不成熟的時候，上面這 5 種方法，都是一種總體或平均數的概念，幫助我們解決了 80% 的商業分析問題；即使到了今天，這些方法仍然很管用。

　　但是現在，大數據時代來了，我們可以收集每一位消費者的行為軌跡及交易資料，透過數據科學解決剩下 20% 的企業問題；這 20% 也將創造另外 80% 的價值，善用者就有機會能在這一波的大數據浪潮中，趁勢崛起！

∅ 品牌筆記

商業分析演算法，是一種總體或平均數的概念，幫助我們解決了 80% 的商業分析問題。

29. 預測分析演算法，
創造另外 **80%** 的價值

你應該還記得，預測分析是在關心每一個顧客的行為，若你是行銷總監，你需要預測 9 種個人行為，而這都要透過預測分析演算法。

預測分析的演算法非常多，而且有很悠久的發展歷史，不過以前都是放在統計學科，現在則常見於大數據及預測分析的書籍。由於大數據軟體的快速發展，很多演算法都已經寫進軟體工具，相對於在統計學科的學理證明，現在更著重於應用及解讀。

這裡要跟大家介紹 7 個常見的大數據預測分析演算法，但不會有複雜的證明及演算過程，你只要瞭解每一個演算法的概念及應用即可，其他將來就可以交給大數據預測軟體工具，然後解讀分析結果。

這 7 個演算法[7]分別是線型迴歸、邏輯迴歸、k- 均值分群、時間序列分析、人工神經網路、決策樹及關聯法則（表 1）。其中，我會特別介紹決策樹、關聯法則、人工神經網路這三種演算法。決策樹容易幫助你瞭解演算法的邏輯；關聯法則，廣泛應用於零售業及電子商務平台；至於人工神經網路，則是發展 AI 的熱門演算法，無論你在哪個領域，都要有所瞭解。

第一種是，迴歸分析（Regression Analysis）。這是最常用到的統計

---

7. Handbook of Statistical Analysis & Data Mining Applications, Robert Nisbet, John Elder and Gary Miner, Academic Press

■ 表 1. 預測分析演算法

工具	說明	例子
線型迴歸 Regression Analysis	建立一個連續性因變數 (y) 和 1 或多個連續型自變數 (x1, x2…) 之線性關係。	利用納稅 (x1) 及慈善捐助 (x2) 金額，預測某人所得 (y)。
邏輯迴歸 Logistic Regression	處理只有二元性質的因變數，例如「是」與「非」、「Yes」與「No」的問題。	預測一筆交易是否為盜刷？一個人是否可能得癌症？一名顧客是否會流失？
k– 均值分群 k–means Clustering	將資料劃分為性質相異的若干群組，組內相似性高，組間差異大。	哪些城市擁有相同的特性？哪些城市的人喜歡喝碳酸飲料？
時間序列 Time Series	時間序列是以時間為自變數，各時間點所發生事件的數值為因變數，預測未來某一時點發生之事件。	用來預測未來消費、銷售、物價等。
決策樹 Decision Tree	將變數分類產生由上而下的結構圖，類似樹狀。	預測銀行貸款給某顧客的風險是高或低。
關聯規則 Association Rule Learning	尋找一個物件與其他物件的依賴性，如果有關係，就可透過一個物件預測其他物件的出現。適用於大資料集。	零售業或電商預測消費者購買貨品之間的關係，例如買紙尿褲同時購買啤酒。
人工神經網路 Artificial Neural Networks	模仿人類學習的方式，透過資料不斷的比對、消化及吸收，得到一個經驗值，用這個經驗值去判斷某一事件是否出現。	建立人們的指紋及臉部特徵，未來決定是否讓某人登入銀行帳戶。

演算法，主要是用已知的一件事（自變數）來預測另一件事（因變數），稱為簡單迴歸；也可以是已知的兩件事來預測另一件事，稱為複迴歸。例如根據衛生紙及面紙的購買數量，預測家裡可能居住的人口數，用來決定可以推薦個人產品或家庭日用品。

第二種是，**邏輯迴歸（Logistic Regression）**。主要是處理「是」與「非」、「Yes」與「No」的問題。例如預測一筆交易是否可能為盜刷？一名顧客是否會逾期繳息？一個人是否可能得癌症？工作中我們需要做很多這一類 0 與 1 的決策，而邏輯迴歸提供了這樣的科學根據。

第三種是，**k- 均值分群（k-means Clustering）**。簡單說，就是將手中的資料根據某種方式分組，同一組內的資料同質性高，不同組之間的差異性大。例如消費者生活型態的調查，同一區域的消費者，可以根據不同的活動、興趣及意見，區分成不同的族群，而有所謂的「個體創業族」、「小確幸逍遙族」等，針對不同的族群可以採取不同的訴求及策略。

第四種是，**時間數列（Time Series）**。就是按照時間收集及排列某個事件的數據，透過分析時間序列所反映出來的發展過程、方向和趨勢，藉以預測下一個時點可能出現的事件。例如收集及排列歷年的 GNP、公司銷售數字，藉以預測下一階段的經濟成長及企業銷售。

第五種是，**決策樹（Decision Tree）**。顧名思義，這個方法將資料集中的變量由上而下分解，建立一個預測模型，而這個模型長得像棵樹形圖，然後透過這個樹形圖的流向來預測一個人的行為。

例如根據一個已知的旅遊資料集，建立了以下決策樹預測模型（圖 1）：願意支付「高」旅遊費用的消費者選擇坐汽車出遊、願意支付「中」旅遊費用的消費者則選擇搭乘火車出遊；但是只願意支付「低」旅遊費用

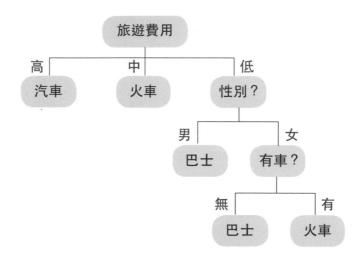

■ 圖 1. 決策樹

的消費者，選擇的交通工具就比較多元，有人選巴士、有人選火車，無法只應用「旅遊費用」這個變數把資料分類完畢。

這時預測模型加入「性別」變數的判斷：如果這些「低」旅遊費用的消費者是男性，會全部選擇巴士；女性則不一定。此時，又加入是否擁有自用車來判斷：沒有自用車的消費者，全部選擇巴士；有自用車的全部選擇火車出遊，再也沒有其他的可能了。

現在，如果要預測一個人出遊時會選擇何種交通工具？只要掌握了這個顧客的資料：包括只願意支付「低」旅遊費用、女性、沒有自用車。把她的資料輸入到模型中，就會得到一個判斷的路徑：「低」旅遊費用－女性－沒有自用車→選擇巴士出遊。

也許你會問，我們怎麼知道要選擇哪一個變數來做一層一層的判斷？這麼複雜的算法，就可以交給大數據預測分析軟體了，它會幫我們做無數

次的計算，直到找到一個最佳的，也就是預測成功率最高的模型。

　　第六種是，關聯法則（Association Rule）。這是大數據預測的熱門應用，方法是尋找一個事件與另一個事件出現的依賴性（例如爸爸下班買紙尿褲，就會順便把啤酒買回家），如果有關係，就可以用一個事件的出現來預測另一個事件也可能會發生。

　　關聯法則的演算法包括[8]AIS、SETM 及 Apriori 等，而 Apriori 是被廣泛應用的演算法，它透過機器學習的原理，學習交易資料之間的關係，適合應用於大量資料的分析，從而建構出一個預測模型。

　　例如現在假設某超市有 200,000 萬筆交易資料，其中有 4,000 筆，也就是 2%（= 4,000/200,000 x 100%）的顧客購買紙尿褲；另外，5,500 筆資料，也就是 2.75%（= 5,500/200,000 x 100%）的顧客購買啤酒。分析顯示有 3,500 筆的交易，也就是 1.75%（= 3,500/200,000 x 100%）的顧客，同時購買紙尿褲及啤酒，這個比率看起來很低，但是事實是有 87.5%（3,500/4,000 x 100%）購買紙尿褲的顧客，同時購買了啤酒。這就是教科書上有名的「太太叫先生下班順便去買紙尿褲，先生買了紙尿褲，順便把啤酒也帶回家」的經典案例。

　　關聯法則，可以應用於購物籃分析決策（Market Basket Analysis）。購物籃分析，目的是在探究貨架上產品是如何被消費者購買，產品與產品之間被拿取有什麼關係。如果掌握到它們之間的關係，比如買 A 產品的顧客也會買 B 產品，就可以將這兩個產品擺在一起（這是超市的決策）；買 A 產品的顧客，就推薦他買 B 產品（這是電商的決策）；為了賣 A 產品，

8. What are Association Rules in Data Mining (Association Rule Mining)?（https://reurl.cc/2gOjR9）

提供 B 產品優惠（這是促銷決策）。

關聯法則，這個強大的機器學習預測分析演算法，已廣泛的應用於零售業及電商平台。例如 Amazon 有 3 成營收是來自預測行銷、Target 百貨比爸爸更早知道念高中女兒已經懷孕等等。

最後，要來介紹人工神經網路（**Artificial Neural Networks**）與人工智慧（Artificial Intelligence）、機器學習（Machine Learning）、深度學習（Deep Learning）的關係[9]（圖 2），這幾個搶占媒體版面的新物種，時時威脅要取代人類的工作，它是怎麼做到的？

人工智慧這個概念，可以說 1950 年代就已經有了，但是那時候的人工智慧聚焦在邏輯推論的方法，也就是模仿人類推理的過程，來預測未來的事件，但是受限於當時電腦硬體的效能不足、儲存空間太小以及資料量

■ 圖 2.AI 的演進

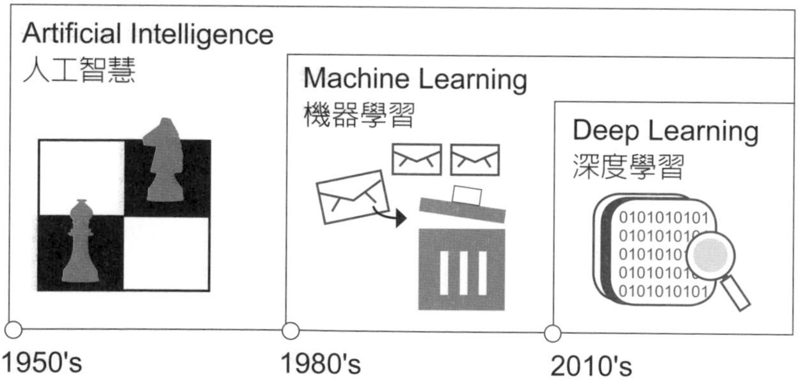

Artificial Intelligence
人工智慧

Machine Learning
機器學習

Deep Learning
深度學習

0101010101
0101010101
0101010
0101010101

1950's　　1980's　　2010's

---

9. What's the Difference Between AI, Machine Learning, and Deep Learning? (https://reurl.cc/LdolYK)

太少，所以只能解決一些數學問題，無法在實務上應用，因而沉寂下來。

　　一直到 1980 年代，電腦科學家受到生物大腦神經元運作方式的啓發，而開啓了 AI 領域人工神經網路的概念，進入了機器學習的時代。機器學習是讓電腦模仿人類學習的方式，從既有的大數據中，不斷的比對、消化及吸收，學到一個經驗值，用這個經驗值去判斷某一事件是否出現，並不斷的精進。

　　最有名的例子，就是史丹佛大學 AI 實驗室主持人李飛飛教授所舉的例子 10。人類在生活中如何教小孩辨識一隻貓？就是在家裡、路上、野外看到站著、走著、躺著、四腳朝天的都是貓，當小孩把老虎、花豹當成貓時就給予糾正，久而久之不管貓以什麼型態出現，小孩都能分辨是否是一隻貓。

　　李飛飛教授開啓的 ImageNet 圖片識別資料庫專案，光是貓便有超過 6 萬 2 千種不同的外觀或姿勢，如今電腦從這個圖片大數據庫的學習，不僅僅可以分辨貓，還包括狗狗、路燈、吊橋、奔跑的人等等。

　　簡單講，**機器學習就是透過人工神經網路演算法，給電腦「學習」很多很多、各種各樣圖片後，之後可以用來「預測」看到的事物**，這也就是 AI 人工智慧爲什麼可以取代人的工作了。

　　到了 2010 年代，加拿大多倫多大學的辛頓（Geoffrey Hinton）教授 11，克服了人工神經網路反向傳播優化（找出最小值）的問題，爲機器學習重新換上了「深度學習」的名字及應用了**深度神經網路演算法。深度神經網**

10. How we're teaching computers to understand pictures (https://reurl.cc/MdojY4)
11. Geoffrey Hinton - Wikipedia (https://reurl.cc/XkbZDe)

路演算法，是由輸入和輸出之間的許多 「中間隱藏層」 組成，演算法學習這些中間層的的特徵，例如一連串的圖像「邊緣」特徵，可以辨識出「部分臉部」，最後 AI 可以辨認出一整張「臉」，同時預測這張臉就是「Sara」[12]。（圖 3）

■ 圖 3. 深度學習

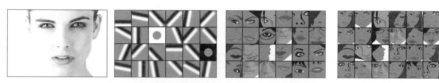

本圖片由 engin akyurt 在 Pixabay 上發佈

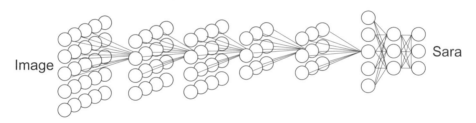

如今深度學習的技術廣泛應用於醫療影像辨識、天氣預測、智慧交通、股市預測等，還可以不斷的複製到更多不同的領域。這也就是為什麼 Google 奇點大學的教授霍華得（Jeremy Howard）擔心，未來人類 80% 的工作可能都會被 AI 取代，而能夠創造的工作可能沒有想像的那麼多！

以上的七種大數據預測分析演算法，都牽涉到非常多的統計及數學運算，對於一個品牌管理者或行銷人可能沒有辦法懂得那麼多，但是你懂

---

12. 如何訓練機器學習系統？（https://reurl.cc/v1xp3j）

得它的概念後，就可以應用它來預測消費者的行為，為品牌帶來更大的收益！

✐ 品牌筆記

對於一個品牌管理者或行銷人，可能沒有辦法懂得那麼多統計及演算法，但是最重要的是懂得它的概念，應用它來預測消費者的行為，為品牌帶來更大的收益！

30. 如何評估演算法的好壞？

　　我在本章一開始跟大家提到了，在大數據預測分析的領域，我們並不關心事件與事件的因果關係，關心的是預測結果的準確性。所以，無論你採用何種機器學習演算法，企業更關心是否準確猜中即將發生的事件，例如老客人會不會購買推薦的產品？這個顧客的信任度很高，可以給予貸款，不會出現呆帳？某人可能已經感染 COVID-19？

　　這三個例子的預測，呈現三種不同的預測類型：第一個例子，會不會購買推薦的產品？答案只有兩種，「Yes」或「No」。第二個例子，客人的信任度很高，預測提供的答案是一個「分數」，可以是 1~100 分同時被排列。第三個例子，某人可能已經感染，是一個「機率值」，輸出結果是0~1之間的數值。

　　理論上，把這三種決策類型分為：二元分類 (Binary Classification)、分數排名 (Score Ranking) 及機率估計 (Probability Estimation)。不同的大數據工具會採用不同的名詞，例如 SAS Viya 就把這三種預測結果分別稱為 Decision（決策）、Ranking（排名）以及 Estimate（估計）。（圖 1）

■ 圖 1. 三種大數據 AI 預測類型

Source: SAS 公司 提供

無論你是採用哪一種決策類型呈現機器學習的預測結果，在導入企業實務中，**只會有四種不同的情形：兩種對、兩種錯**。其中兩種對的：即預測是 Yes，實際也是 Yes；預測 No，實際也是 No。另外有兩種是錯誤的：即預測是 Yes，實際是 No；預測是 No，實際是 Yes。(圖 2)

■ 圖 2. 預測的四種結果

	實際 Yes	No
預測 Yes	正確	型 II 錯誤
預測 No	型 I 錯誤	正確

　　(以下學理的觀念，為了擔心不容易理解，我經過了多次的文字修改改，希望能夠幫助你瞭解。不過，如果還是把你弄頭暈了，你可以直接跳到下一段的實例。)

　　在統計上，把兩種正確的，即實際 Yes/ 預測 Yes，稱為真陽性 (True Positive)[13]；實際 No/ 預測 No，稱為真陰性 (True Negative)[14]。把兩種錯誤的：即實際 Yes/ 預測 No，稱為偽陰性 (False Positive)[15]，這種預測錯誤又稱為「型 I 錯誤」(Type I Error)；把實際 No/ 預測 Yes，稱為偽陽性 (False Negative)[16]，這種預測錯誤又稱為「型 II 錯誤」(Type II Error)。**這四種預**

---

13. 統計假設：H0 is True, Accept H0
14. 統計假設：H0 is False, Reject H0
15. 統計假設：H0 is True, Reject H0
16. 統計假設：H0 is False, Accept H0

測結果，可以構成一個 **2X2** 的矩陣，稱為混淆矩陣 **(Confusion Matrix)**，
後文會用來討論如何評估演算法的優劣。

■ 圖 3. 混淆矩陣

	實際 Yes (HO is True)	實際 No (HO is False)
預測 Yes (Accept HO)	**True Positive** **(TP)** (Correct)	**False Positive** **(FP)** (Type II Error)
預測 No (Reject HO)	**False Negative** **(FN)** (Type I Error)	**True Negative** **(TN)** (Correct)

　　舉例來說，當銀行決定是否放款給某位客人時，會先預測這個客人會
不會逾期不還，無論銀行採用的是二元分類、分數排名或者機率估計決策，
最後都將產生這四種不同的結果 [17]：

　　第一種，透過演算法預測該名客人「會按期繳款」，銀行也決定把錢
借給他，而結果這個客人也「正常還款」，這就是真陽性。

　　第二種，預測該名客人「不會按期繳款」，也就是貸款可能變呆帳，
銀行也決定不把錢借給他，而結果這個客人也真的是「會賴帳」的那種，
這就是真陰性。

　　第三種，透過演算法預測該名客人「不會按期繳款」，也就是貸款可
能變呆帳，銀行也決定不把錢借給他，然而這個客人卻不是信用不好的那
種，而是肯定「會還錢」，這就是假陰性，是銀行誤判產生「型 I 錯誤」。

---

17. 統計假設：HO：客人會還錢

第四種，預測該名客人「會按期繳款」，銀行也決定把錢借給他，而結果卻令放款經理被檢討，因為這個客人根本「不還錢」，這就是假陽性，銀行犯了「型 II 錯誤」。

我再舉一個例子，COVID-19 的檢測 [18](試劑也是一種演算法)，同樣會呈現四種不同結果，即 (1) 預測沒有感染 / 實際也沒有；(2) 預測有感染 / 實際真的有；(3) 預測有感染 / 實際沒有；(4) 預測沒有 / 實際卻有。

第 (1)、(2) 種預測結果，都是正確的，所以比率愈高愈好；第 (3)、(4) 種則是錯誤的，當然是比率愈低愈好。但是，同樣是預測錯誤，到底是「型 I 錯誤」比較嚴重？還是「型 II 錯誤」？視情況而定。假設對 199 人做檢測，得到以下結果 (圖 4)：

■ 圖 4. 新冠肺炎預測結果

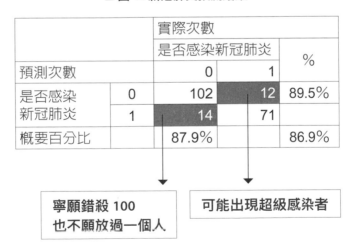

		實際次數		
		是否感染新冠肺炎		%
預測次數		0	1	
是否感染新冠肺炎	0	102	12	89.5%
	1	14	71	
概要百分比		87.9%		86.9%

寧願錯殺 100 也不願放過一個人

可能出現超級感染者

---

18. 統計假設：H0：沒有感染 COVID-19

從上圖，有 14 人的預測結果犯了「型 I 錯誤」，也就是實際上沒有感染肺炎，但被檢測為已經染疫，結果被強制隔離治療，代表大數據 AI 預測模型寧可錯殺一百，也不願意放過一個。如果這個錯誤率很高，除了試劑不夠精準外，也有可能為了降低「型 II 錯誤」發生的機率，而預測模型犧牲了「型 I 錯誤」。因為就管控疫情而言，絕對不能發生「型 II 錯誤」，表示有 12 名患者，被誤以為沒有染疫，被放回去到處趴趴走，可能變成一個超級感染者，讓防疫出現嚴重缺口。

更進一步，根據混淆矩陣，至少可以計算出三個評估指標，來評估模型是否有效。這三個指標是：整體正確率 (Accuracy Rate)、精準率 (Precision Rate)、召回率 (Recall Rate)。（如圖 5）

正確率，就是把真陽性及真陰性加起來，除以總數。這是最常用的指標，但是卻不是絕對的，有時會失效。例如預測網路信用卡是否被盜刷，可能真正被盜刷的交易很少，幾乎都是正常交易，那麼被訓練出來的機器

■ 圖 5. 正確率、精準率、召回率

		實際次數		
		是否感染新冠肺炎		%
預測次數		0	1	
是否感染新冠肺炎	0	102（TP）	12（FP）	89.5%
	1	14（FN）	71（TN）	
概要百分比		87.9%		86.9%

= 精準率
= 真陽性/(真陽性＋型 II 錯誤)

= 正確率
=(真陽性＋真陰性)/總預測數

=
召回率 = 真陽性/(真陽性＋型 I 錯誤)

預測模型，正確率就可能達到99%以上。所以，我們需要參考其他的指標。

精準率，就是預測準確的數量，占總預測數的比率，跟預測準確有直接關係。以上述 COVID-19 的例子，精確率愈高，愈不會出現超級感染者，到處趴趴走。

召回率，就是實際正常的個案，被預測為正常的比率，類似還原真相，所以叫召回。再以 COVID-19 為例，召回率愈高，愈不會錯殺好人。

總之，機器學習、大數據預測模型，幾乎可以應用在所有的場景，例如顧客瀏覽各項資訊後，會不會購買產品？銀行該不該核發信用卡給這個申請者？某個病人會不會得到阿茲罕默症？ 混淆矩陣，則可以用來評估預測模型優劣的好用工具。

✎ 品牌筆記

機器學習，大數據預測模型，幾乎可以應用在所有的場景；混淆矩陣，則可以用來評估預測模型優劣的好用工具。

參考資料

1. ThingWorx Analytics Help Center (https://reurl.cc/R1oYeG)
2. 5 Examples of Lead Scoring Models (https://reurl.cc/avDx5Y)
3. STATISTICS 230, FALL 2005 (https://reurl.cc/q8qY1E)

31. 大數據分析，從資料清理開始

　　愈來愈多企業開始利用大數據做分析應用，我也常被問到兩個問題：第一個問題是：「我的公司沒有資料，怎麼做大數據分析？」第二個問題則是：「我的公司資料很多，但是不知道從何開始？」

　　第一個問題，我的答案很簡單：「沒有資料，也就沒有包袱，現在就可以開始收集有用的資料！」

　　第二個問題就比較複雜了，也反應了許多企業正面臨的難題。根據媒體報導，全家便利商店累積 10 年收集了 190 萬筆的資料 [19]，要導入大數據應用時，卻發現這些資料都不能用，只好重新建立。

　　無獨有偶，杏一醫療可以說是台灣少數可以做到預測市場需求，提高進貨、銷貨與存貨管理效率的業者，「本來要投資大數據工具，卻發現買工具也做不了什麼事，因為資料亂七八糟，顧客的年齡有 100 多歲、也有負的，地址、電話也錯。」[20]

　　這可能是比較極端的例子，但事實上，企業的資料不只不精確，而且散見各處，有的在業務端、有的在行銷端，甚至客服端也有，相當欠缺清理與整合。

　　要怎麼把重要數據整合起來呢？過去我每年要出版一本《顧客紅皮

---

19. 商業周刊 1567 期，2017.11
20. 150 萬會員資料亂糟糟　杏一如何翻轉它？（https://reurl.cc/x0833L）

書》，分析各品牌的消費行為，原先資料散布各處，最後就是透過資料倉儲（Data Warehouse）的工具，把資料整合在一起，然後再導入大數據軟體來分析。

整合資料之前，要先清理資料，在這個步驟，你很快就會發現很多問題。我歸納，你至少會面臨下面這六個挑戰[21]，而這些問題也是我過去曾經碰到過的。

第一個挑戰：沒有資料（No Data）。 由於過去並沒有設定目標，所以企業沒有保存需要用的資料。

比如說，剛開始沒想到日後會回饋顧客生日禮，所以建立資料時沒有詢問顧客的生日，日後就少了一項可以應用的資料。

第二個挑戰：過時的資料（Out-of-date Data）。 有的企業雖然有保存資料，但資料的保鮮期已過，用途不大。

比如說，5 年前搜集的客戶 email，有些網路服務可能已經終止，客戶已不再使用，或是客戶早已換了工作，email 就得重新收集才行。

第三個挑戰，不完整的資料（Incomplete Data）。 雖然有資料，但資料欄位不完整，導致只有部分資料可以應用，或者必須補齊才有應用價值。

例如姓名、電話、地址、交易資料都有，但是沒有記錄交易時間、金額，以至於沒有辦法做進一步的分析。

第四個挑戰，遺失的資料（Missing Data）。 這個狀況是，有資料，

---

21. Handbook of Statistical Analysis & Data Mining Applications, Robert Nisbet, John Elder and Gary Miner, Academic Press

■ 表 1. 遺失的資料

	January	February	March	April	May	June	July	August	September	October	November	December
Aaron	39	61	53	15	0.53	0.151	0.121	0.91	0.61	0.61	0.91	0.151
Babara	160	177			0.73	0.176	0.309	0.472	0.665	0.888	0.1141	0.1424
Casey	149	179	209	239	269	299	329	359		30	60	90
Daniel	48	78	108	138	168	198	228	258			30	60
Ellen	26	56	86	116	146	176	206	236	266	296	326	356
Fion	6	36	66	96	126	156	186	216	246	276	306	336
Gary	123			30	60	90	120	150	180	210	240	270
Harry	10	40	70	100	130	160	190	220	250	280	310	
Ivan	8	38	68	98	128				30	60	90	120
Johnny	13	43	73	103	133	163	193	223	253	283	313	343

資料欄位也很完整，但是某些筆數的資料欄位卻是空白的。（表 1）

例如 1 年 12 個月的資料，某些地區的交易資料是空白的，這是代表是沒有交易呢？或者交易金額是零？這些欄位必需被處理。若是無法確認是否有交易發生，就可以考慮填入「零」或「平均數」，以減低對總體資料的影響。又或者，如果你的資料筆數夠多，符合大數據的概念，而且遺失的數值是隨機發生的，則可選擇直接將資料「刪除」。

第五個挑戰是，稀少的資料（Sparse Data）。該有的欄位都有，也有記錄，但是記錄到交易行為發生的資料數量非常少（表 2）。例如，請消費者來為某部電影評價，但是大部分人都沒有看過這部電影，造成有評價的資料過少，導致缺乏分析的價值。

第六個挑戰是，不精確的資料（Inaccurate Data）。最常發生的狀況，就是用不同的衡量方法，提供不一樣的資料。例如線上廣告透過 Google

	Crazy Rich Asians	The Meg	Ocean's Eight	Deadpool 2	Hereditary	The Nun	Alpha	Upgrade	Mile 22	Searching
Aaron										
Babara	9									
Casey										
Daniel									7	5
Ellen										
Fion										
Gary										
Harry			5							
Ivan										
Johnny							8			

Analytic、Double Click 或 Tracking Pixel，可能就會出現不一樣的資料（圖 1）。應用前，應該先瞭解衡量方法之間的差異。

　　根據我的經驗，企業裡 80% 的資料可能都缺乏利用價值；整理過後，能用的資料更可能大幅減少。有位企業經營者問我，「整理完後的資料，剩下二千筆不到，怎麼辦？」很多公司在大數據轉型過程當中，都有同樣的困惑。

　　這個問題端視你的大數據資料，是要用在商業分析，或是預測分析。如果要用在預測分析，例如透過機器學習（Machine Learning）建立大數據預測模型，資料則是多多益善。

　　現在很多 AI 的學習，都是透過大數據預測分析演算法，例如利用類神經網路進行圖片的學習，分辨看到的是一部車、一隻貓、一個人或是其他東西，這時資料就要愈多愈好，因為學習過各種各樣人的樣子，高的、

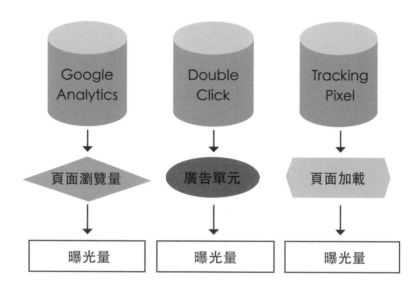

矮的、站著、坐著、躺著、穿著不同的衣服的,長袖、短袖、外套、甚至赤裸的,以後一部 AI 自駕車才能辨認出有一個人正在朝它走過來,或者有一個人正倒在路上,需要即時做出煞車的判斷。

　　對於數位的資料也是一樣,Amazon 或 Target 百貨建立的大數據預測模型,也是應用大數據關聯法則演算法,學習大量的瀏覽及交易資料後,建立了精準的模型,預測顧客的消費行為,做出適當的決策。

　　但是如果是大數據用在商業分析,二千筆的顧客或者銷售資料,絕對比 20 萬筆沒有經過清理的資料來得有用!例如應用二千筆有效的會員資料,去做新會員推廣,轉換率絕對高於 20 萬筆,而且成本更低。

　　最後切記,**大數據並非「數大就是美」,應該是「不怕少,怕不好」**。這就是為什麼做大數據分析前,我們要先清理資料的原因了!

大數據並非「數大就是美」，應該是「不怕少，怕不好」。整合資料之前，要先清理資料，在這個步驟，你很快就會發現很多問題。

32. 大數據分析，要問對問題

　　我在網路上看到一段短片，場景是一個幼稚園的老師在問一群天眞無邪的小朋友，他的問題是：「樹上有十隻鳥，獵人開槍打死了一隻，請問樹上還剩幾隻鳥呢？」

　　我將這個問題，拿去問來聽我演講的聽眾，大部分人給我的答案是「9隻」或者「0隻」。你一定很想知道，這群天眞的小朋友是怎麼回答的。

　　第一個小朋友回答是用一個問題：「獵人用的是無聲手槍嗎？」老師趕緊回答「是一般的槍。」其他小朋友接著問「確定那隻鳥是眞的被打死了嗎？」「鳥有沒有被關在籠子？」「鳥有沒有智力的問題，聽到槍聲都不知道要飛走的那一種？」老師簡直被搞得啼笑皆非，小朋友仍然不放過的接力問：「鳥裡面有沒有殘疾或餓的飛不動的那種？」「裡面有沒有懷孕的那種鳥？」這時老師從啼笑皆非轉而有點生氣，小朋友還是不放過的問「裡面有沒有情侶，一方被打中，另一方主動陪著殉情的呢？」

　　這個例子也許是被設計過的，但是這些場景在生活中的可能性，的確也是存在的。我們在世俗中，接受了各種禮教、規範，發現問題的能力有時反而不及還是白紙一張的小朋友。

　　在大數據時代，有無限的可能，記得有個聽眾問馬雲，大意是你覺得未來會是怎麼樣的？馬雲的回答也很妙，他說你能想像到的未來都不是未來，說明了有無限的可能性。

　　所以，當你在解決一個問題的時候，一定要打開你的思想，問出未來

的可能性，而不是那麼快的給出答案。

還記得大數據的六個 V 嗎？其中第六個 V，就是 Value。大數據如果沒有應用在企業實務，就沒有價值，就是空談。

但是，大數據要發揮價值，有兩個面向。**第一個，從資料的分析中，看出問題**，這個面向適合善於分析資料的大數據專家。**第二個，從實務中發現問題、大膽假設，再透過大數據找答案**，這個面向具有實務經驗的專家，比較容易做到。

無論是哪一個面向，**我們都要問對問題，從數據中找到彼此的關聯性，才能讓數據發揮價值。**

我也常提出一些問題，來請教那些來找我要答案的人。例如「我做了很多行銷活動，業績還是不好，要怎樣才能讓行銷活動更成功？」我想說的是，你的業績不好，到底是行銷宣傳不成功，還是你的行銷 idea 不好？這個問題的前提是假設產品是沒有問題的。

我曾經遇過一位經理人，很擅長舉辦行銷活動，但他每次檢討，結論都是消費者對於這個 idea 不買單。有一次，我耐心的瞭解他辦過的行銷活動，發現他的 idea 有些還不錯，爲什麼業績一直沒有起色？原來他每次宣傳的前置時問都很短，有時候只有三天，可能剛好消費者知道，活動就結束了；然後，另外一檔活動又要開始了。

所以他面臨的困難，很可能並不是行銷活動或者 idea 不好，而是行銷的宣傳期太短、打擊面不夠廣。

AI 即將取代人類部分的智慧，未來人們要的大部分答案，Google 會告訴你，AI 也會告訴你，快速的提供解答不再是未來職場的競爭力，**學會問出好的問題，找到未被發現的處女地，或者找到兩個看起來不相關事**

件的關係，才是未來的競爭力！

✏ **品牌筆記** •······································

Google 會告訴你所有的答案，但沒有辦法代替你問出一個好問題！當你在解決一個問題的時候，學會問出好問題比什麼都重要！

33. 預測行銷，6 個 KPI 檢視成效

你還記得大數據預測科學，就是「predicting something for an individual case」這句話嗎？

所謂的「case」，就是一個人的日常生活，有不同情境，也有不同身分；有來自實體世界的，也有來自網路世界的，便會產生不同數據。平常，是消費者；生病時，是一個病人；想買房，就變成一個貸款者。你在不同情境的需求數據搜集起來，就能分別被廠商、醫院和銀行用來做預測。

我談到很多的案例，都是來自網路世界，例如 Amazon、Uber、NETFILX 等，所以可能你會誤以為，預測行銷只發生在虛擬世界。事實上，實體經濟仍然占 80% 以上的交易行為；而實體品牌在大數據時代，也可以好好發揮預測行銷的價值。（詳見 V 大數據 × 大平台品牌策略）

所以，在談論預測行銷的 KPI（Key Performance Index，關鍵績效指標），也必須把實體品牌關心的內容，納入考量。

網路上可以找到不下數十個指標，來評估你的行銷活動是否成功，可以說令人眼花繚亂，這些指標是用來計算執行過程，但是站在品牌負責人的角度，我關心的指標有限，大概只有 6 個 KPI 就夠了。

這 6 個 KPI，又可以分成 4 個預測指標（Predictive Indicator），包括 Traffic（流量）、Impression（曝光量）、Engagement（參與數）、Conversion（轉換數）；以及兩個財務指標（Financial Indicator），包括 CPA（Cost Per Action，每一互動成本）、OPI（Operating Profit Index，毛利指數）。（圖 1）

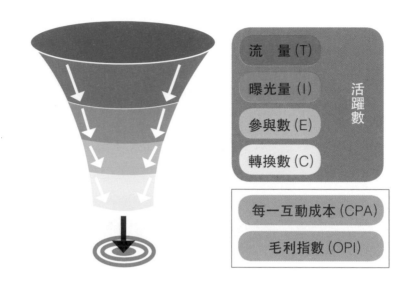

流　量 (T)

曝光量 (I)

參與數 (E)

轉換數 (C)

活躍數

每一互動成本 (CPA)

毛利指數 (OPI)

Traffic（流量）

　　先來談談 4 個預測指標。一開始，品牌會篩選出目標對象，一一的推播或投遞訊息，這個訊息可能是一則數位廣告、一封 email 或者一條簡訊，如果把預測行銷的概念徹底執行，每一個消費者所看到的訊息都會不一樣[22]，而這推播或投遞訊息的總量就是 Traffic。

　　Traffic，就是消費者可能接觸到你的品牌訊息的潛在最大數量；但是事實上，不會這麼理想。不過，這個指標讓你知道，品牌的打擊面夠不夠

---

22. 現在大部分的品牌都只做到為顧客貼標籤，同一標籤的顧客會收到相同內容的訊息，離真正的大數據預測行銷，還有一段距離要努力。

廣，是 1 萬人、10 萬人，或者 100 萬人，也牽涉到行銷的成本，以及你對市場的企圖心。

Impression（曝光量）

如果你投遞訊息給 100 萬的消費者，實際上會看到的人可能不到一半，至於會是多少，主要跟幾件事有關：目標對象的定義是否精準、顧客的資料是否清理乾淨、訊息的標題及內容是否有吸引力。

曝光在品牌訊息的不重複人流數量，就是 Impression。所以，如果你推播訊息給 100 萬個給消費者或 100 萬封 email 給顧客，實際上有看到這則訊息的人可能只有 40 萬人，這時你的 Impression 是 40 萬，Impression Rate[23] 則是 40%。

Impression 可以說是最基本的績效指標，因為之後我們計算 Engagement Rate 及 Conversion Rate 都是基於這個基礎。

Engagement（參與數）

有曝光在你推播訊息的消費者，或者收到你發送 email 的顧客，不一定會看到你的訊息或打開你的 email，所以這階段我會關心到底有多少人參與了活動。參與數的計算就包括了按讚、留言、分享、點「more」、按連結、滑照片、看影片、打開 email 等。

如果發送 email 給會員，首先關心有多少人會打開（Open）這封信，

---

23. Impression Rate =（Impression / Traffic）X 100%

計算出開信率（Open Rate）[24]。然後，比較每一次的開信率，就知道哪一次的活動比較吸睛，同時不斷優化。一般而言，開信率如果來到 30% 就算高，15% 應該是一般的水準。

如果是一則推薦產品促銷的訊息，就會關心有多少人點擊（Click）這則廣告，進入到活動網頁，瀏覽了照片、看了影片，這些都是 Engagement，最後你需要算出一個 Engagement Rate（參與率）[25]，以便知道有多少比率的人進入了活動網頁。

Conversion（轉換數）

這 4 個預測指標，我最關心的是轉換數。轉換數，包括了我們要消費者或顧客的回應，比如下載檔案、安裝應用程式、填寫問卷、註冊成為會員、達成交易等。這幾個轉換行為，可以一開始就設定為你的行銷目標，例如這一波活動要吸收 5 萬個會員、達成 1 萬個人次的交易。

如過你的 Impression（曝光量）是 40 萬，此時你的會員 Conversion Rate（轉換率）[26]是 12.5%，即；成交 Conversion Rate（轉換率）則為 2.5%。

會員 Conversion Rate = (會員 Conversion / Impression) × 100%
= (50,000 / 400,000) × 100%
= 12.5%

---

24. Open Rate ＝（Email 的 Open 數 / Impression ）X 100%
25. Engagement Rate =（某事件的 Engagement / Impression）X 100%
26. Conversion Rate =（某事件的 Conversion / Impression）X 100%

$$成交 \text{ Conversion Rate} = (成交 \text{ Conversion} / \text{Impression}) \times 100\%$$
$$= (10,000 / 400,000) \times 100\%$$
$$= 2.5\%$$

到了這裡，你會發現 Open Rate（開信率）、Engagement Rate（參與率）和 Conversion Rate（轉換率）的共同分母都是 Impression（曝光量），這是因為便於在共同的基礎上做比較，解讀資料比較不會出現誤判。

做為一個行銷活動的執行者，會關心 Conversion Rate（轉換率），而且要盡一切努力提高 Conversion Rate；做為一個品牌的負責人，更會關心這一檔活動有沒有賺錢。財務的指標非常多，看愈多愈無法集中焦點，所以我喜歡用減法的法則，只看最重要的兩個。

CPA（Cost Per Action，每一互動成本）

要知道一檔活動有沒有賺錢，首先要計算達成行銷目標，也就是取得轉換數所需付出的代價，由此可以計算出 CPA[27]。其中 Action 可以是一個讚、一個會員，或者一筆成交，看你設定的行銷目標而定。不過，我總是比較關心完成一筆交易所需付出的代價，因為我會想知道，最後是否能夠獲利，所以 Action 就是成交與否。

在我輔導網絡品牌客戶的經驗中，我發現某個品牌的成交愈多，虧損愈大，例如每成交一筆就要虧損 160 元。這時，就可以拿這個資料去跟網站媒體談判，爭取降低廣告費率，或改變計價的方式。

---

27. CPA = Total Cost / Conversion （或 Engagement）

OPI（Operating Profit Index，毛利指數）

前面你看到的都是「分類帳」，也就是每一參與、每一轉換、每一交易的成本。最後，我們必須來算「總帳」，就是這一波活動，你到底賺了多少錢？或者是賠了？你只要算出毛利，也就是 OPI[28]。

OPI 的計算方式，就是毛利除以總收入，乘上 100；如果是正的就是有利潤；如果是負的，代表做愈多，賠愈多。如果經過優化，OPI 還是負的，就代表不能再執行這類活動了，而且必須改變策略。

毛利就是總收入減總變動成本，總變動成本指的是因這一次的活動所增加的成本，包括廣告費用、email 及簡訊支出、促銷給消費者的現金優惠，加上產品的成本；總收入，則是交易收入。

例如有一檔活動，溝通了 150,000 的會員（Traffic），開信數（Open）是 116,738，開信率（Open Rate）是 77.8%。收到 1,800 筆交易，轉換率（Conversion Rate）是 1.5%，總淨收入 324,000 元。這一波的活動的變動成本包括：簡訊費用 36,000 元（前 30% 顧客加強簡訊溝通）、現金折扣 180,000 元，以及 email 寄送費用零（email 寄送為公司固定成本），所以總變動成本為 216,000 元。如果進一步連結財務指標，每一單的成本（CPA）是 120 元，毛利指數是（OPI）是 33，也就有毛利 33%，是一個還不錯的行銷活動。（表 1）

---

28. OPI =（Total Revenue - Total Cost）/ Total Revenue X 100

行銷活動	A 活動	B 活動	C 活動	D 活動
溝通方式	EDM /SMS	EDM	EDM /SMS	EDM /SMS
目標對象	會員	舊會員	再購客人	壽星
寄送數 (Traffic)	150,000	3,500	50,000	3,200
開信數 (Open 或 impression)	116,738	618	41,732	1,677
網站連結	-	-	800	-
開信率 (Open % 或 impression%)	77.83%	17.66%	83.46%	52.41%
互動 (Action)	1800	5	60	98
轉換率 (Conversion %)	1.54%	0.81%	0.14%	5.84%
銷售收入	$3,240,000	$7,500	$130,020	$220,010
平均客單價	1800	1500	2167	2245
淨收入	$324,000	$750	$13,002	$22,001
現金折扣	$180,000	$500	$6,000	$9,800
簡訊費用	$36,000	$0	$16,000	$3,513
每一互動成本 (CPA)	$120	$100	$367	$136
毛利指數 (OPI)	33	33	-69	39

轉換率 = (Conversion / Impression) $\times$ 100%

= (1800 / 116,738) $\times$ 100%

= 1.54%

毛利指數 = (Total Revenue - Total Cost) / Total Revenue $\times$ 100

= (324,000 – 216,000) / 324,000) $\times$ 100

= 33

　　從以上的指標，一個個推演到這裡，你會發現要提高 OPI，就必須要提高轉換率，要提高轉換率就必須要提高參與率，要提高參與率就必須要提高曝光率，每一環節都不能放過。

　　也許你也觀察到，很多企業都在經營粉絲，而且會很自豪的告訴你，他有多少粉絲；但是做為一個品牌的負責人，我最終關心的仍然是有多少獲利。你很難一直說服老闆，我的粉絲很多、留言很多、互動很多，但是卻不知道創造多少利潤。

　　在這個大數據時代，是廣告人、行銷人，也是你的機會，因為我們有很好的工具及 KPI，可以來一步一步優化 KPI，一直到把利潤擠出來為止！

🖉 品牌筆記

大數據預測科學，就是「predicting something for an individual case」。
大數據預測行銷，不能只關心預測指標，品牌負責人更重視財務指標。

大數據 × 大平台品牌策略

經營平台品牌，
就是要避免供給面與需求面失衡的痛苦！

34. 大數據狂潮顛覆 7 個品牌經營觀念

我每年都會關心一項全球品牌的重新排名，這是由一家國際知名品牌顧問公司 Interbrand 所做的調查。十年前，百大品牌中，只有 Yahoo 和 Google 兩家網路公司進榜；但 2019 年，百大品牌就增加到 11 個網路品牌[1]，除了 Google，按順序還有 Amazon、Facebook、Adobe、eBay、NETFLIX、Salesforce、PayPal、Uber、Spotify 及 LinkIn 等，而且這個趨勢還在快速增加中。

這些網路平台，到底在賣什麼？我認為，它們賣的是「自己沒有的東西」，我就舉大家熟知的 Airbnb、Uber 及 Facebook 來說明。

Airbnb，每天有超過 100 萬筆出租生意，卻不經營任何旅館；在 200 多個城市營運的 Uber，是全球最大的出租車體系，本身卻沒有半台計程車；Facebook 也是，它從不自行生產內容，卻靠著每一位用戶的創作，成為世界最大的媒體平台。

你注意到了嗎？它們背後都創造了大量的數據，而這股大數據狂潮，正在推翻很多傳統的品牌經營與思維。有哪些過去我們習以為常的事，必須改變呢？我認為至少有七件事。（圖 1）

第一，機動調整取代策略規劃。

以前企業每年要進行策略規劃，也就是至少要做三年規劃、一年計畫、

---

1. Best Global Brands (https://reurl.cc/7oqrKl)

■ 圖1. 大數據時代顛覆企業經營

●策略規劃	●打帶跑
●五力建立	●供需兩力平衡
●通路為王	●網絡平台
●整合行銷	●O2O
●口碑傳播	●網路評價
●大魚吃小魚	●快魚吃慢魚
●現金流量及資產價值	●現金流量及網路影響力

VS.

每季檢討，我們管它叫「31Q」。現在企業還是會定策略，但執行變成打帶跑，產品推出後，看著後台大數據，有問題迅速修正，不用等到每季再來做檢討。

有百年歷史的華盛頓郵報一度頻臨倒閉，2013 年被 Amazon 創辦人貝佐斯（Jeff Bezos）買下後，進行數位大轉型，之後每一則發出去的新聞，至少都有 3~5 個版本，標題與圖片都不一樣。30 秒後，後台的大數據就會顯示，哪一個標題及圖片被點擊的最多，系統就會統一替換最受歡迎的標題與圖片。到了 2015 年 10 月，華盛頓郵報在網路上的流量，首度超越紐約時報了[2]。

---

2. Washington Post tops New Yourk Times online for first time ever (https://reurl.cc/GrYmNd)

這個例子，充分說明了機動調整的打帶跑，完勝傳統企業的經營模式。

第二，供需平衡取代五力分析 [3]。

以前企業制定策略，用的是策略大師波特（Michael E. Porter）的「五力分析」[4]，也就是來自買方的議價能力、供應商的議價能力、以及潛在進入者、現有競爭者與替代品的威脅，都要仔細分析。

現在，網絡品牌最重視的是「兩力」，也就是供應商與消費者的力量，以及他們之間的平衡關係。Uber 和 Airbnb，就是靠後台大數據，不斷平衡供應商與消費者的雙邊關係，崛起壯大。（詳見VI大數據 × 大平台行銷策略）

第三，網路平台取代實體通路。

10 年前，商場上最常聽到的兩個字是「通路」。大家都會警告你，沒有通路，你的產品很難賣，那是一個實體通路主宰的時代。

現在網路平台從中攔截消費者與供應商，使得傳統通路節節敗退。例如傳統零售通路被電商快速取代；百貨公司如果沒有餐飲的加持恐怕衰退的更快。反觀，NETFLIX 取代了曾經全球擁有 9,000 家店的 BLOCKBUSTER、Amazon 打敗了美國最大的巴諾書店 (Barnes & Noble)，而 Uber 更讓全世界的交通業者，都覺得很頭痛！

未來要勝出，你得思考如何在網路或平台占有一席之地。

第四，O2O 取代整合行銷。

幾年前，我曾經在韓國的捷運站看到一個大牆面的廣告，除了很多拍

---

3. Platform Revolution, Geoffrey G. Parker, Marshall W. Van Alstyne and Sangeet Paul Choudary, W. W. Norton & Company, March 2016.
4. Porter's five forces analysis (https://reurl.cc/N6orNq)

得美美的產品介紹，還有專屬的 QR Code，人們只要拿出手機一掃，就能立即上網購買。

以前，傳統的整合行銷工具，如廣告、公關、促銷，是打品牌的萬靈丹。現在做品牌，要 Online to Offline，也要 Offline to Online，線上線下一起來；線上告知產品，線下創造體驗，甚至再回到線上交易，實體、虛擬雙管齊下，把用戶團團包圍。

所以，打品牌，搶市場，必須線下線上一起來。

第五，網路評價取代傳統口碑。

相信很多人都聽過這句話：「口碑是生存的命脈。」但是，今天這句話有了新的詮釋。

以前要得知顧客反應，只能靠口耳相傳，或者鼓勵消費者打 0800 客服專線、填意見回饋表。

回想一下，現在如果你要去一家餐廳消費或者去看一部電影，你還有到處去問人這家餐廳好吃或者這部電影好看嗎？最快的方法，是不是就直接拿起手機，查詢一下這家餐廳或者這部電影，在網路的評價有幾顆星？

現在網友的評價，對品牌的影響力，遠遠超越傳統口碑了。

第六，快魚吃慢魚取代大魚吃小魚。

以前，是大魚吃小魚，大公司併購小公司；現在，小魚會突然長大，市場食物鏈就變成快魚吃慢魚、好魚吃壞魚，例如 Amazon 併購比它歷史更悠久的美國最大連鎖有機超市 Whole Foods Market[5]。

---

5. 7 potential bidders, a call to Amazon, and an ultimatum: How the Whole Foods deal went down (https://reurl.cc/Z7oGlp)

再舉社群網站為例，2003 年，MySpace 成立；2006 年， MySpace 的瀏覽量甚至超越 Google 與 Yahoo。但，MySpace 遲遲未能改善用戶體驗；現在，誰還記得 MySapce ？早就被後發先至的 Facebook 取代了[6]。

這個時代，不只快魚吃慢魚，更是好的快魚吃慢魚。

第七，網路流量取代實體資產。

以前品牌併購，華爾街看的是誰的現金多、誰的資產大。現在資本市場看的是不只是現金流，還包括誰的網路流量大、誰的顧客黏著度高，誰的未來成長想像空間就大，資本市場給的估值也就比較高。

舉例來說，Alibaba 與 Amazon 的市值，分別比它們至少大 30 歲的全球零售業巨擘 Walmart 多了近 2 及 4 倍。還有，Uber 還沒開始獲利，摩根士丹利給它的估值卻一度高達 680 億美元，遠高於通用汽車的 500 億美元。

在此，我可以結論，品牌併購的大戲，在大數據時代有了新的規則。

你的經營思維，跟上大數據時代的轉速了嗎？哪一個觀念的轉變，正在你的產業發生？你的應變能力，將決定下一個 10 年，你的品牌能否生存！

✏ **品牌筆記**

大數據狂潮，正在推翻很多傳統的品牌經營與思維。你的應變能力，將決定下一個 10 年，你的品牌能否生存！

---

6. Why did MySpace fail over Facebook? (https://reurl.cc/gmoWrz)

35. 大數據時代 4 種產業發展機會

離開王品之後，我規劃了一場自助旅行，去了巴黎、倫敦和紐約。這三個大都市，我一個人都不認識，要怎麼獨立生活四個月？

其實，我只靠 5 個 APP，就搞定了當地的食衣住行育樂。怎麼說呢？食與衣，有提供生活資訊的 Yelp；住，靠 Airbnb；坐車，有 Uber；搭飛機，有賣便宜機票的 Expedia；玩，就靠標榜「內行人帶你到處玩」（Travel with an insider）的 Viator。

你注意到了嗎？我用的都不是實體世界的既有品牌。

那麼在大數據時代，哪些傳統品牌或產業會被削弱、取代，甚至淘汰呢？《平台經濟模式》[7] 這本書指出了四個產業。

第一種是資訊密集的產業，例如媒體和電訊業。有個笑話說，現代人不看報、不讀書，只愛看「臉書」。當人人都把訊息放到社群網站，川普也直接透過 Twitter 發言，媒體便無法再靠壟斷訊息，收取廣告與訂閱費用。

電訊業的危機也不小。現在 Skype、Line、WeChat、Facebook，統統都能用來傳訊息和通話，很少人在打電話或傳簡訊了。

第二，是資訊不對稱的產業，像是保險、房貸與二手車。過去，這些行業的關鍵資訊被賣家壟斷，保險理賠、房貸成數、二手車車況，買家只

---

7. Platform Revolution, Geoffrey G. Parker, Marshall W. Van Alstyne and Sangeet Paul Choudary, W. W. Norton & Company, March 2016.

能先信了賣家再說，萬一被騙，只好自認倒霉。

現在有了交易平台，資訊公開、流通了，買家可以比較資訊、互相討論，甚至跳過賣家直接交易，中間商就危險了。

第三，是高度專業的產業。李開復接受天下雜誌專訪時曾說，金融業的分析師與會計師，還有醫師、律師、教師等「四師」，有一半的人會被人工智慧取代[8]。

你一定會想，不是只有每天做重複工作的白領，才會被取代嗎？

其實，這些專業又高薪的行業裡，也免不了許多重複的工作。分析師要讀大量財報、律師要背很多法條、醫師要天天看診、老師也要不斷上課；然而，這些事都能靠人工智慧，做得更快、更精準。

美國已經有了醫療 APP，輕症病人只要輸入症狀，就能得到處方；2017 年 8 月，中國大陸也出現第一家審理網路購物案件的物聯網法院[9]。最後，只有經驗老道的、觀點獨到的頂尖專家，才會留下。

第四，是高度分散的產業，像是租房、租車、餐飲等。

這些產業都有數以萬計的供應商，消費者也隨時需要吃飯、住房和租車，正好需要一個平台來即時媒合供需。所以，Airbnb、Uber 與 Yelp 才能乘勢而起，徹底顛覆飯店、計程車甚至餐飲業的經營。

如果你正處在上面這四種產業，一定會受到極大的威脅，不過也不用過度擔心，通常機會總是伴隨威脅而來。這時候你有兩種選擇：一是讓企業或個人趁早轉型，與大數據結合；二是可以從這四個產業下手，找到創

---

8. 白領失業狂潮來襲！李開復：這 4 師最危險 (https://reurl.cc/Q3o922)
9. 中國首家互聯網法院掛牌是真的嗎？ (https://reurl.cc/8nV3eM)

業的靈感與商機。

　　這是最顛覆的時代，也擁有最好的機會，希望你能在大數據時代找到你精準的定位！

✐ 品牌筆記

如果你正處在以上四種產業，一定會受到極大的威脅，不過也不用過度擔心，通常機會總是伴隨威脅而來。

36.企業數位轉型需要 ABCDEF

我曾經受邀到國泰人壽演講，分享到在大數據時代，既有品牌快速被顛覆，同時在新科技的推波助瀾下，消費者一方面不斷的追求新事物，另一方面喜新厭舊的速度更快，品牌必須更快回應市場，找到新的機會。

演講完後的 Q&A 時間，第一個提問的問題是「企業及品牌面對未來這麼大的挑戰，我們該如何應變？」記得當時我簡單的回答說：未來每一個品牌的生存與轉型，都必須要跟「科技」結合。這裡，我想進一步分享我的觀點。

20 年前，一個成功的品牌，可以連續成功 20 年，甚至可以有百年的生命；現在一個品牌很容易大流行，操作得宜，可以大排長龍，但也可能會因為網路的一句話，或者一項新科技的出現，很快的改變消費者的喜好，甚至改變產業的生態，品牌因而被顛覆。

過去品牌的削弱或消失，有一大部分的原因是因為品牌形象老化，只要好好的包裝，或重新聚焦或調整產品的組合，就有可能讓品牌起死回生。可口可樂已經有百年的歷史，歷經多次的品牌老化，以及多次的品牌再造，得以持續至今；星巴克一度經營失焦，創辦人舒茲再度回鍋[10]，重新找回咖啡的靈魂，才把局面穩定下來，如今星巴克當然遇到另一波挑戰；IBM

---

10. Onward: How Starbucks Fought for Its Life without Losing Its Soul, Howard Schultz, Rodale Books, March 2012.

30 年前曾經是科技業的巨擘，但因為過度聚焦在硬體及服務大企業，在 PC 崛起的時代一度失去光芒，經過重新調整產品組合，從硬體到軟體、從服務大企業到中小企業、從科技業到科技服務業，讓 IBM 再度迎向未來。

過去可以這麼幸運，然而**在大數據時代，品牌的轉型及提升不再是那麼單純，不管你是哪一類型的品牌，你需要在 ABCDEF 六項科技中，至少抓到其中一個，來為你的品牌加持。**ABCDEF，就如波濤洶湧的汪洋大海中，品牌的一盞明燈！

ABCDEF 分別代表六項科技：A 代表 APP（手機平台應用程式）、AI（人工智慧）、AIoT（AI 物聯網）；B 代表 Big Data（大數據）、Block Chain（區塊鏈）；C 代表 Cloud（雲端計算）、Chatbot（聊天機器人）；D 代表 3D，包括 VR（虛擬實境）、AR（擴增視境）；E 代表 Electric Self-driving Car & Drone（自駕車和無人機）；F 代表 FinTech（金融科技）、Facial ID（臉部辨識）、Finger ID（指紋辨識）。

以上這六項科技與應用，有些已經被廣泛的理解與接受，如手機 APP；有些則尚在萌芽階段，如區塊鏈或 AR。**ABCDEF 無論是哪一種，都可以有兩方面的應用：一方面應用在企業內部的管理，如生產效率的提升、成本降低等；另一方面，也可以應用在外部的管理，如顧客價值的創造、利潤提升等。**

我更關注 ABCDEF 對後者的影響，因為這些技術與應用，將對未來企業及品牌能否成功轉型，產生巨大的影響力。所以，你不只要知道，而且還要及早採取行動回應改變。以下再分別舉一些例子，說明如下：

A 型科技應用（APP、AI、AIoT）

　　根據資策會 2015 年底的調查 [11]，台灣每位手機用戶在目前持有的手機內，平均有 16 個自行下載的 APP（不包括內建），每人每天平均開啓 6 個 APP，其中 4 個爲自行下載。

　　根據調查 [12]，2016 年台灣 12 歲以上民眾手機上網率爲 79.7%，首次超越電腦使用率 77.7%，顯示行動載具普及後，跳過門檻高的電腦而使用手機上網。在過去 20 年，每一家企業要做生意都必須要有自己的官網，否則就落伍了；**在大數據時代，我認爲每一家企業都還必須要有自己的 APP，尤其服務消費者的 B2C（Business to Consumer）企業。**

　　也許你會問，每個手機用戶不是只有下載 16 個 APP？那麼多 APP 誰來下載呢？下載了又會不會用？沒錯，那就形成企業與企業、品牌與品牌的無情競爭了，就如同實體世界中，那麼多品牌要一起競爭，策略對者才能勝出的道理是一樣的。

　　APP 除了可以當企業的門面，可以當平台，也可以當行銷的利器，翻新品牌形象。Nike 是運動鞋的領導品牌，爲了掌握第一手顧客資料，開發了跑步 APP － Nike Run Club，只要打開這款 APP，每次跑步時，相當於數百萬名跑者及專業教練一起陪伴打氣，讓你挑戰各種目標，讓無聊的跑步過程變得樂趣無窮。

　　Nike Run Club 不只是一款跑步 APP，背後還隱含了收集大數據及行銷產品的目的。它可以追蹤及儲存跑步者資料，包括配速、地點、距離、

---

11. 《行動 App 消費者調查》台灣手機用戶平均每人下載 16 個 App (https://reurl.cc/5qNr37)
12. 行動通訊普及上網率首度超過電腦使用 (https://reurl.cc/EzvnYv)

高度、心率和里程分段記錄等，也隨時提醒你目前跑步的狀態，例如「你現在已經完成了 1 公里」、「你跑每公里用了 10 分鐘」等，讓你跑步有期待、有挑戰、有激勵，讓你堅持跑下去，找到跑步的成就感。

另一方面，無論你是一名新跑者，或者是一個經驗豐富的運動員，都可以讓你設定跑步計畫、提供專業教練、配合語音指導等，輕鬆與志同道合的朋友，比較和競逐排名，還可以在跑步時收到朋友的加油打氣等。

Nike Run Club 將每年收集到的超過八千萬公里跑步資訊，提供給設計師與製造商，生產出最適合消費者的產品。不只這樣，Nike 也結合 Amazon 電商平台及自己的官網，直接銷售產品給顧客，改變了只透過傳統通路的銷售模式，銷售的占比也由 2014 年的 4% 到超過營收的三分之一。

就是在大數據時代，Nike 透過 APP 平台，集結大數據、社交、行銷活動、會員經營於一身，不斷強化自己在消費者心中的形象，達到翻新品牌的目的。

AI 對品牌轉型及升級的影響更是功不可沒。你一定還記得，10 年前手機的一哥都不是這些檯面上的品牌，而是 Nokia、Motorola 及 Ericsson。但是曾幾何時，這幾位大哥因為沒有跟上智慧型手機的趨勢，幾乎形同退出市場。

目前手機戰役已經進入紅海，要在競爭慘烈的市場上脫穎而出，只有使盡渾身解數，用上最新的科技，當各品牌還在講幾個鏡頭、多少畫素時，華為身為手機市場的後起之秀，結合 AI 技術，一舉推出 AI 手機，可以透過手機鏡頭直接辨認食物的熱量，讓你免去用餐時不知吃進多少卡路里的煩惱。透過 AI 技術的應用，華為顛覆消費者對手機應用的認知，大幅度的超越競爭品牌，為品牌形象大大加分。

AI 在科技業的應用是這樣，那傳統服務業呢？賣眼鏡是一個傳統不過的行業，但是中國寶島眼鏡的創辦人，卻自認「我不是賣眼鏡的」[13]。

　　為什麼他可以這麼號稱？因為你只要走進中國寶島眼鏡，工作人員就會帶你到一台 AI 眼底照相機前，不到兩分鐘，AI 就能透過視網膜照中血管、神經的分佈狀況，快速的篩檢如糖尿病、高血壓等三十多種疾病，準確率高達 97%。過去要做這些檢查，我須要先跟健檢中心預約，檢查後一週後拿到報告，才知道自己眼睛的狀況。

　　現在只要到寶島，不用大費周章到健檢中心，你就可以知道自己眼睛的健康狀況，同時完成配眼鏡。寶島透過 AI 的加持與轉型，目前的客單價比過去提高三成，而且回購率達到 35%，整整比同業的 20% 高出七成五。

　　近年來，轉型最成功的案例莫過於小米。小米崛起於智慧型手機普及的 2011 年，在「米粉」及飢餓行銷的推波助瀾下，品牌在 2015 年成長達到了高峰。小米就是靠 AIoT，讓萬物聯網，轉型致勝的。

　　有一位朋友跟我說，只要你進入小米的店，你至少會買個一兩樣東西，我抱著好奇心，走進了新加坡 Suntec City 小米的專賣店，這個店東西其實不算多，但是不知不覺就選了幾樣東西，包括溫濕度計及攝影鏡頭，它吸引我的地方，除了價格合理之外，就是很多裝置都可以聯上網路，讓你可以遙控家電、隨時掌握家裡的狀況。

　　小米在「米粉」退潮前，再度結合 AIoT 的應用，目前已有超過 1,600 項產品在銷售，而且有愈來愈多的產品可以連上 Wifi，升級為智能家電，

---

13. 商業周刊 1616 期，2018.11

包括空氣清淨機、掃地機、攝影機、電鍋、冰箱等等。在消費者的心目中，現在的小米不再是以前靠米粉起家的手機公司；透過 AIoT 的加持，更像是一家智能家電公司，背後則掌握了用戶大數據。

B 型科技應用（Big Data、Block Chain）

企業應用 Big Data 已經不是一個題目，而是一項競賽，比的是誰跑得更快，從電商、科技業，到服務業，愈來愈多案例。

我要來介紹一家日本餐飲品牌，壽司郎迴轉壽司，靠導入大數據，連續 7 年拿下行業第一，光賣壽司一年營收就超過 430 億台幣 14。

你只要走入壽司郎，透過背後 14 億筆的大數據，馬上計算你會點什麼壽司，以及入店 15 分鐘後可能加點什麼菜色。壽司郎會根據顧客的人數與偏好，設定從白色到粉紅色 9 種燈號，每種燈號對應不同的壽司組合與數量。假設迴轉帶坐的是男性客人居多，且都坐超過 15 分鐘，那麼燈號就會由代表份量及種類較多的紅色，跳到代表份量及種類較少的橙色，因為客人來店超過 15 分鐘，表示已經吃了八分飽，之後會傾向選擇比較新的種類或者季節性的產品。

壽司郎透過大數據的應用，不只加強了內場的生產管理，也讓顧客有更好的消費體驗，提升了顧客滿意度。

新興品牌透過大數據不斷搶占市場，如 Yelp、大眾點評、UberEats 等；面對這樣的競爭環境，實體品牌只有跟進，壽司郎就是一個很好的例子。

---

14. 商業周刊 1616 期，2018.11

第二個 B，是 Block Chain。**區塊鏈技術，最主要功能是去中心化、保障交易安全與個人隱私，包括發行數位貨幣、保障智慧財產權，以及簽署智慧合約等。**目前除了比特幣之外，區塊鏈到目前為止還很少有成功的應用範例，但是仍然有一些小的實驗正在萌芽，非常值得關注。

阿聯酋杜拜國家銀行，是杜拜最大的銀行，為了防止支票被偽造，將區塊鏈結合支票發行，推出支票鏈[15]（Cheque Chain），每張新發行的支票，都可以看到 QR Code，讓支票的偽造變得更困難。拿到支票的人，只要掃描 QR Code，就可以找到這張支票獨一無二的區塊鏈代碼，驗證支票的真實性與來源。

海運牽涉到很多進出口報單文件，不只手續繁瑣，而且容易被偽造。全球最大的航運業者，丹麥的快桅（Maersk）公司，就與 IBM 合作，共同打造及簡化海運文件傳輸流程的協作平台，給客戶帶來更高的效率，減低了 15% 的作業成本[16]，同時保障資料的安全，成為廠商更為信賴的運輸品牌。

C 型科技應用（Cloud、Chatbot）

Amazon 從賣書起家，如今成為全世界市值最高的 10 家公司之一，可以說如果 Amazon 沒有進入雲端領域（AWS），就沒有今天。2018 年第三季，Amazon 營收 566 億[17] 美元，如果以過去 12 個月來看，AWS 占總營收只有 11%，但卻占總獲利 60%。

---

15. 商業周刊 1624 期，2018.12
16. 商業周刊 1624 期，2018.12
17. Amazon plunges 10% on revenue and guidance miss (https://reurl.cc/6lRa9d)

全球三大雲端平台，除了 Amazon 的 AWS，還有 Google 的 GCP、微軟的 Azure，不過這類公司提供的是雲端的基礎建設，**雲端服務主要涵蓋架構即服務 （IaaS）** [18]**、平台即服務 （PaaS）** [19]**、軟體即服務 （SaaS） 等三種類型。在面對顧客價值的提升及品牌的體驗，我更關心如何應用 SaaS 服務。**

SaaS（Software-as-a-Service）屬於應用層，直接面向用戶，不需要事先安裝軟體，透過瀏覽器即可使用。這層的服務很適合 B2C 的客戶來建立消費者的品牌價值，例如 Salesforce 就是一個顧客關係管理平台，很多國際性的品牌已在採用，如可口可樂、金百利（Kimberly-Clark）、雀巢（Nestlé）等，由於採租用的模式，用多少、租多少，中小企業也負擔得起。

除了 Salesforce，SaaS 服務已經有很多面向顧客的軟體服務，如 ZOHO One、MailChimp 等等，使用這類服務，最大的好處是可以省掉初期的軟硬體建置成本。根據報導，使用 SaaS 服務，無論在銷售生產力、預測的準確率、成交的轉換率等，都有機會提升 30% 以上，對於品牌有很大的加分。

另一個 C 是 Chatbot，又稱為 chatterbot、talkbot 等，簡單說就是聊天機器人或個人數位助理。**Chatbot 可以幫助企業處理一些內容重複性高、資訊容易被複製的領域，如客服應答、抽獎文回覆、檔案下載等，可以即時、有效的解決顧客的問題，提升顧客對品牌體驗與滿意度。**

多年前，我在夜間註冊淘寶帳號，因為需要實名及證件的驗證，對我

---

18. IaaS：即 Infrastructure-as-a-Service，提供較基層的 IT 資源，如服務器、儲存、寬頻等。
19. PaaS：即 Platform-as-a-Service，在基礎 IT 資源上，再加上一套開發架構，方便使用架構開發應用，如 Google App Engine 等。

來說是一件很麻煩的事，當時就是借助淘寶網提供的聊天機器人即時的解決問題，成功註冊、下單，可見 Chatbot 為品牌帶來的正面效益。

現在愈來愈多的國內外品牌，都開始發展及採用 Chatbot，來解決顧客所提出的重複性問題，國際品牌如 H&M、Sephora、Burberry 等，甚至使用聊天機器人，回答更客製化的內容。

根據美國一份調查報告指出[20]，有高達 44% 的消費者有問題時願意求助 Chatbot，而超過三分之二（69%）的使用者每個月至少使用 Chatbot 一次，71% 的使用者在沒有服務人員的協助下，有良好的使用經驗。

以上調查結果表示，大數據時代的消費者，已經可以接受有問題時尋求聊天機器人的協助。**面對人力稀缺、薪資不斷上升的大環境，Chatbot 是中小企業尋求品牌轉型可以善用的工具之一。**

D 型科技應用（3D、VR/AR）

在大數據時代，幾乎每一個行業都受到衝擊，看似專業的牙醫也不例外。如果你有裝假牙的經驗，你就可以感受到這是一個何其冗長的流程。從診斷開始、磨牙、第一次做模型、裝上臨時的假牙回家、下次再回來試戴模具廠商做出來的模型、經過牙醫師調整密合度、配色、模具廠商回去調整、下次再回來試戴……如果不合，來來回回調整個幾次，花上二、三個月的時間總是免不了。

商業總會品牌加速中心，有一家會員企業叫家誠牙醫，結合 3D 口

---

20. With frustrated consumers ready to abandon brands, it's time to change engagement channels (https://reurl.cc/MdQeK3)

腔掃描技術，打破傳統牙醫為客人製作假牙的流程，合作的診所端只要做好兩個動作，一是幫患者做 3D 口內掃描，二是將 3D 模型上傳雲端，牙技所接收資訊後，可以 3D 列印的方式製作假牙，不但節省傳統牙技印模、翻模、製模、鑄造等等工序的時間，目前 3D 假牙製作良率也高達 98%[21]。

由於大陸是一個更大的市場，家誠牙醫直接與深圳、廣州的牙醫診所合作，直接把這套設備建置在牙醫診所，現場從看牙、製牙，2 小時就可以「交貨」，省去客人漫長的等待時間。從這個例子，我們可以看到一個 3D 技術的應用，翻轉了一整個產業。

再來看看 VR/AR 的應用。網路上曾經流程一段淘寶利用 VR 虛擬實境的影片，消費者透過虛擬實境的環境，上網購物時可以翻轉產品、觸摸產品，甚至請模特兒試穿衣服、轉身、靠近等，讓網路購物的體驗如親臨實境。

最近住了十年的家，需要重新粉刷，首先想到的是要不要也來換個新的顏色？隨著而來的是，擔心換了顏色到底好不好看？因為沒有辦法事先預覽粉刷後家裡的樣子，擔心後悔了怎麼辦。傳統的油漆品牌得利塗料（Dulux），怎麼利用 AR 技術，解決消費者的痛點？

得利發展了一款 APP，只要透過行動裝置下載安裝「Dulux 空間配色大師」，利用 AR 的技術，讓消費者拍攝居家空間照片，輕鬆進行模擬配色，馬上就能看到色彩在居家空間的變化效果！這種感覺，就好像在抓寶可夢

---

21. 家誠醫材串連牙醫牙技 四年營收翻 16 倍 (https://reurl.cc/N6orL6)
22. 銷量每年兩位數成長！得利研發色彩定位科技，一張照片隔空 AR 試漆 (https://reurl.cc/3LQap0)

（Pokemon）一樣，讓我覺得有趣又好玩，也讓傳統品牌有了新的生命！

得利透過 AR 協助，解決了麻煩瑣碎的選色、試漆過程，讓這一個步驟透過鏡頭，解決消費者的痛點，自 2014 年推出後，每年的業績都有兩位數的成長 [22]。

E 型科技應用（Electric Car Self-driving Car & Drone）

自駕車或無人機是兩個仍然在開發中的應用科技，除了技術待克服，還有法令的問題，但是你可以看到已經有少量的實驗在進行。

例如新加坡有家機器人公司 Infinium Robotics，2015 年就替當地連鎖餐廳 Timbre 開發送餐無人機 [23]。如果你在餐廳服務過，就知道人與人接觸是何等的重要，有時食物只是其中一個媒介，人傳遞的「溫度」才是客人一來再來的原因。

所以，這家機器人公司所開發的無人機，並不是把餐送到客人面前，而是從廚房的出餐區送到一個中繼站，可以把它視為餐廳的送餐區，再由服務人員將菜色送到客人面前，保持了人與人的接觸，同時節省了餐廳人力的應用。無人機的服務不僅僅是送餐，甚至可以運送紅酒、飲料等難度較高的服務。

達美樂（Domino's）在全球測試無人機外送服務，2016 年在紐西蘭順利完成全球首宗無人機將顧客披薩宅配到家。這種利用無人機空運食物，既不受地面交通情況影響，還可直接配送至顧客家門口，達美樂的最終目

---

23. Drones delivering drinks in a crowded restaurant? It's not as crazy as it sounds. (https://reurl.cc/n0MoAI)

標是要在 10 分鐘內將食物至送到顧客手上 [24]。

2017 年網上訂餐外送平台「餓了麼」，進一步推出的「萬小餓」送餐機器人，可以從辦公室的一樓接過外送員的外賣後，自助上下電梯把外賣送達顧客所在樓層。根據數據顯示，萬小餓投入服務後，外送員每單將可節約 5-10 分鐘配送時間。

從無人機 [25] 在餐廳內送餐，到空運外送服務，以致於透過定點無人機完成最後一哩路，將餐點送到客人面前，傳統產業透過科技應用，將整個顧客服務價值鏈打通，不止翻轉企業經營，也翻轉品牌形象。

至於自駕車，雖然很多大科技公司及傳統的汽車業者爭相投入，但是自駕車的意外，仍然時有所聞，顯然這個技術還沒有成熟，不過卻是可以期待。

自駕車一旦導入大量的應用，不只將改變交通運輸的面貌，也將改變人們的生活及工作的方式，很多產業的經營及與消費者的接觸方式，必定也大大的不同，值得每一個產業好好關注，藉著新科技再度提升顧客對品牌的體驗，說不定比影集霹靂遊俠對消費者的影響更大了！

F 型科技應用（FinTech、Facial ID/Finger ID）

FinTech 是 Financial Technology 的簡稱，所涵蓋的領域廣泛，包括利用科技進行支付、融資、理財顧問、身分驗證、去中間化的交易行為等等。

---

24. Pizza-by-drone a reality with world-first customer deliveries in New Zealand (https://reurl.cc/avD9g7)
25. 機器人炒菜 + 無人機配送 餐飲業如何靠無人化解決用工難 (https://reurl.cc/14WYA8)

這裡，我關心的是對 B2C 品牌影響最直接的交易支付。

行動支付可以說興起於 2014 年，支付寶和微訊可以透過 QR Code 掃描支付時，我剛好在上海工作，親身經歷了這一改變。記得，那晚我暫時入住一間旅館，非常的口渴，天冷不想出去買水，看到大廳裡有一台飲料販賣機，很高興的靠過去，卻發現不收現金，非常的失望，正在想怎麼辦？突然想起，春節期間我不是有透過支付寶發紅包給辦公室的同仁嗎？表示我已經有裝了行動支付，於是拿起手機，打開支付寶一掃，一瓶礦泉水在我面前掉下來，當下的興奮今日記憶猶新。

行動支付滿足了我的需求，也改變了這瓶飲料的命運，表示愈早加入這場盛會，品牌的機會愈大。

今日的支付，已不止於支付寶及微訊，在台灣還有 Line Pay、Apple Pay、Android Pay、Samsung Pay 及街口支付等等。為了省去找零錢及帶零錢的麻煩，我甚至會選擇可以接受行動支付的計程車、餐廳、商店等，做為日常消費的地方。

至於透過 Facial ID（臉部辨識）或 Finger ID（指紋辨識）的技術，來提升品牌的使用率及忠誠度，更是每一個品牌業者在經營會員平台時可以導入的功能。

很多人都有使用銀行帳戶的經驗，最常用到的功能之一就是轉帳，縱使有一個 APP，光是登入帳戶密碼就是一件非常折磨人的事。所幸，我使用的中國信託銀行，很早就導入了臉部及指紋辨識，在 APP 上登入帳戶不需要一再的輸入密碼（輸錯密碼被鎖住帳戶也是常有的事），以前交給太太處理的銀行帳務，現在也可以自己來，對品牌的偏好度也大大的提升。

大陸的肯德基甚至進一步與支付寶合作，打造一個刷臉支付的環境。

在一些門市，顧客在櫃檯點完餐之後，系統就會快速的進行臉部掃描、辨識，同步連結到支付寶帳戶，幾秒鐘就完成支付的動作，帶給消費者絕佳的消費體驗。

結論

企業需要轉型、再生，是每一個時代、每一個品牌都會碰到的事。品牌需要轉型的原因很多，包括品牌形象老化、商業模式過時、跟消費者脫節等。**傳統上你可以透過品牌行銷的力量，翻新消費者的認知，現在你還可以思考如何加入 ABCDEF 的科技應用，來讓企業、品牌適時轉型，鞏固你的顧客。**

我們可以看到很多的國際性的人企業、大品牌，因為忽視這一波大數據時代帶來的衝擊，不再如以往般的閃亮，例如奇異（General Electric），曾經是哈佛的教案，在轉型的過程中，沒有提到 AI、AIoT、電商等的佈局，市值已不如從前，連股神巴菲特都拋售手中持股。

更早的例子還包括柯達，2011 年市場對底片的需求達到高峰後，一路急轉直下、兵敗如山倒，最終宣告破產。Nokia 曾是手機的知名品牌，現在很難想像，它曾經雄霸手機市場 14 年的龍頭地位，最後竟然得將手機部門出售給微軟，Nokia 當時的 CEO 說了一句很經典的名言 [26]：「我們並沒有做錯什麼，但不知道為什麼，我們輸了。」這說明了一件事，縱使曾經是叱吒風雲的大品牌，終究敵不過趨勢的浪潮，殞落在沙灘上。

當然，因為行業的不同，你可以引進的技術也可以不一樣，導入的優

---

26. 沒錯，但是不一定對 (https://reurl.cc/R1o0Gx)

先順序也會不一樣，不是所有的 ABCDEF 你都要採納。但是，一旦採納後，它也會成爲品牌行銷的養分，這就如同傳統的品牌行銷，找大師、明星灌頂、加持的效果一樣，而且愈早採納、還可以得到愈多的媒體報導，行銷效應也就越大，自然會吸引到更多的消費者跟隨。

根據數位時代雜誌 [27] 的報導，國際上企業有意願投資 AI 的有 16.4%、IoT 的有 6.3%、大數據的有 17.1%、雲端應用的有 13.5%、VR/AR 的有 9.8%。這些比例仍然不高，這也意味著早期導入 ABCDEF 科技應用的企業，正掌握趨勢、主導議題、享有報導的絕對優勢，而這是成爲一個大數據時代品牌，最需要的養分！

> *✎* **品牌筆記**
>
> 在大數據時代，品牌的轉型及提升不再是那麼單純，不管你是哪一類型的品牌，你需要在 ABCDEF 六項科技中，至少抓到其中一個，來爲你的品牌加持。

---

27. 數位時代 295 期，2018.12

37. 網絡品牌形塑新經濟

你知道，一天之中，你會接觸到多少品牌嗎？

20 年前，我還在奧美服務時，國外的訓練主管告訴我們，平均每人每天會接觸到 2,000 個品牌。現在，根據一項網路報導，**我們每天居然可以接觸到 3,500 個品牌！**也就是平均每分鐘，可以看到 2.4 個品牌。

我們一天接觸的品牌，大概可以分成四大類 [28]：

第一種是資產驅動型品牌，擁有眾多工廠和機具，例如 Volvo、LUXGEN 等；第二種是服務驅動型品牌，沒有太多硬體，但是靠服務取勝，例如 Walmart、Starbucks 等；第三種是技術驅動型品牌，擁有先進的技術，例如 Apple、Microsoft 等；第四種是網絡驅動型品牌，存在於虛擬世界，例如 Airbnb、Alibaba 等。

前三種是透過資產、服務及技術驅動的品牌，來自實體世界，我把它歸類為「實體品牌」（Physical Brand）；最後一種則是透過虛實整合，徹底顛覆了實體品牌百年不變的經營模式，稱為「網絡品牌」（Network Brand）。（圖 1）

其實，網絡品牌的快速崛起，也是這 20 年的事情，跟許多有百年歷史的實體品牌比較起來，只是正在學走路的小貝比，但是它的影響力，甚

---

28. Revolution, Geoffrey G. Parker, Marshall W. Van Alstyne and Sangeet Paul Choudary, W. W. Norton & Company, March 2016.

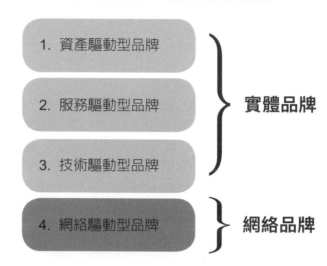

■ 圖 1. 消費者的一天被四大類品牌包圍

1. 資產驅動型品牌

2. 服務驅動型品牌

3. 技術驅動型品牌

實體品牌

4. 網絡驅動型品牌

網絡品牌

至已經超越了實體品牌，而這還只是剛剛開始，值得我們好好來認識與學習。

我把網絡品牌分成三種，分別是平台品牌（Platform Brand）、內容品牌（Content Brand）和網站品牌（Website Brand）。接下來，我們就來談談這三種品牌的差別，同時確認你經營的是哪一種，才知道該如何參與這場大數據時代的品牌大賽。

第一種是平台品牌，就是能同時吸引許多供應商[29]（Supplier）及消費者（Consumer），聚集在線上交易。 像是提供乘車服務的 Uber、讓中國與全球的商家做生意的 Alibaba，還有經營行動拍賣的蝦皮拍賣

---

29. 有人稱為企業（Business），我把它稱為供應商，因為提供服務的一方不一定是企業，例如 Uber 的司機、Facebook 上的個人等。

（Shopee），都是平台品牌。

例如 Uber 的平台上，有許多司機與乘客；阿里巴巴有大批發商，也有小賣家；蝦皮拍賣的買賣雙方，很多都是個人。

經營平台品牌與實體品牌的最大不同之處，就是要透過大數據不斷平衡供給方與需求方的數量。（詳見 38.4 種平台模式，避免失衡痛苦）

第二種是內容品牌，就是依附在平台品牌下的商家。例如住宿網站 Booking.com 上的旅館、Airbnb 上的民宿，或者大眾點評上的餐廳等。

從這裡可以發現，內容品牌，通常也是實體品牌。當這些實體品牌加入了平台，就像透過網路，對世界開了另一扇門。

如果你在台東開民宿，加入 Booking.com，可能會接到來自中東的遊客；你可能這輩子沒跟外國人講過話，但加入 Airbnb，有天或許就有個冰島人要來你家住一晚呢。

實體品牌經營者最大的任務，就是研究如何應用別人的平台，經營自己的品牌。（詳見 39. 經營內容品牌 PRRO 取代 AIDA）

最後一種是網站品牌，就是實體品牌的官方網站，舉凡個人的網頁或粉絲頁都算。現在，幾乎每一個實體品牌都有官方網站，有的是用來溝通宣傳，有的用來經營電子商務。比如統一超商和誠品書店，都有自己的網路商店。

但是，有一點要特別注意的是，當實體品牌跨進了網路，最強大的競爭對手，往往是網路原生品牌。

例如，實體經營非常成功的誠品書店，當它跨進網路，就會遇上博客來；而女性愛去買化妝品的屈臣氏，到了網路上，競爭對手可能就變成 8 小時到貨的 PChome 線上購物。

有許多經營者，在線下很成功，進入網路世界後，卻因爲不懂網絡品牌的成功法則，白白把霸主的寶座，拱手讓給了網路原生品牌。最經典的例子，就是從網路書店起家，最後買下 Whole Foods Market 連鎖超市的 Amazon，其創辦人貝佐斯也出資買下華盛頓郵報，並讓它轉型重新再起。

實體品牌要在網路成功，也有必須要遵守的網絡品牌法則。（詳見 40~42 大數據品牌法則）

當實體與網路的界線，愈來愈模糊；你的品牌的競爭對手，就愈來愈多。無論你是要從實體進攻網路，或已經進入網路世界，都必須明白，你經營的，是哪一種網絡品牌？你的顧客，又是怎麼在上面交易和互動？

✐ 品牌筆記

我把網絡品牌分成三種，分別是平台品牌、內容品牌和網站品牌，只有確認你經營的是哪一種，才知道該如何參與這場大數據時代的品牌大賽。

38. 4種平台模式，避免失衡痛苦

　　前幾天，有個朋友告訴我，他剛替自己的車換了四個嶄新的輪胎。但這四個輪胎，不是上車行買，而是上臉書買。

　　臉書怎麼會賣輪胎呢？

　　原來，有群車主在 Facebook 上開了個社團，成員有 1 萬 2,000 人。其中有個人想買輪胎，還自告奮勇糾團，要替大家去跟原廠談個優惠的價格。結果，三天內就揪了 3,000 人。廠商也乾脆，算一算，直接賣給消費者，能省下給經銷商的費用；索性打 7 折，現金價，皆大歡喜。

　　如果你是 Facebook，恭喜，使用者對你的倚賴又加深了；如果你是經銷商，可就要擔心了。這個例子告訴我們，通路已經不再是王；平台，才是王道。

　　我們已經知道，平台是由供應商（Supplier）及消費者（Consumer）兩種主要力量，聚集在線上交易所構成。例如：Uber 有司機、有乘客；Alibaba 有大批發、有小買家；露天拍賣有賣家、有買家；Groupon 集體揪團跟廠商議價等。

　　這四個例子都有供應商及消費者，可以分別歸類為四種不同平台品牌的商業模式：即 S2C、S2S、C2C 及 C2S。分別說明如下（圖 1）：

　　第一種是 S2C，為供應商到消費者模式（Supplier-to-Consumer）： 即平台品牌的商業模式，主要是提供服務來媒合供給方與需求方，達成交易的目的。

■ 圖 1. 平台品牌的四種類型

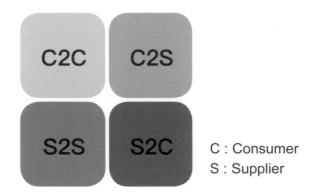

C2C　　C2S

S2S　　S2C

C：Consumer
S：Supplier

　　提供這種商業模式的平台品牌最多，例如 Amazon、博客來、Uber、Grab、Airbnb、Booking.com、TripAdvisor、Yelp、EZTABLE、YouTube、TedTalk 等等。因為這就是把傳統實體企業做的事情搬到網路上來，形成對既有實體企業的生存產生極大的衝擊，如 Amazon 之於傳統零售商、博客來之於書局、Uber 與 Grab 之於計程車服務、Airbnb 與 Booking.com 之於旅館業者等。

　　由於 S2C 是跟消費者直接接觸，也是最容易被一般人理解，所以很多網路的創業公司也把創業的焦點放在這裡，形成在 S2C 這一領域百花齊放的盛況！

　　第二種是 S2S，為供應商到供應商模式（Supplier-to-Supplier）：即平台品牌的商業模式，主要是提供服務來媒合兩個不同的供給方，達成交易的目的。

　　這樣的商業模式，顛覆了傳統的供應鏈，也就是傳統的製造業透過業務員或代理商，賣零件或原料給中下游的企業，所以 S2S 的商業模式顛覆

了中間商存在的價值。S2S 最代表性的公司，當然是 Alibaba 莫屬。

除了 Alibaba，在西方世界仍然有一些把 S2S 平台經營得很成功的公司，如 FlexfireLEDs 是一個提供全世界各種燈光照明、器材的平台，無論你是戶外燈光設計師，或是室內裝潢公司，都可以在這裡找到你需要的照明產品；Restaurantware 則是提供一切餐飲用品的平台，無論你是開餐廳、酒吧或者咖啡館，都可以找到你開店需要的物品，包括廚具、餐具、清潔用品、設備等等。FlexfireLEDs 和 Restaurantware 的共同特色，就是都有用戶的評價系統，完全符合經營平台品牌的要件。

根據 Forrester Research 的預測，美國 S2S 平台的營收規模將由 2018 年的 1.1 兆美元，增加到 2023 年的 1.8 兆，占整體企業對企業交易的 17%，並預計未來 5 年，S2S 平台交易仍有很大的成長空間 [30]。

因此，網路的創業者，未來不一定只想著 S2C 的營運模式，也可以思考比較藍海的 S2S 的創業機會！

第三種是 C2C，為消費者到消費者模式（Consumer-to-Consumer）：即平台品牌的商業模式，主要是媒合平台兩方的消費者，透過媒合來達成產品或服務的交易。

這種交易的方式，在實體世界並不是很普遍，是在網路興起的 90 年代才開始普及，人們透過平台與陌生的第三人交換、買賣產品或服務。這類平台品牌成功的並不多，最具代表性的莫過於都是創立於 1995 年的 eBay 及 Craigslist，還有大陸的淘寶網、台灣的露天拍賣，以及來自新加坡的 Shopee，都是屬於 C2C。

---

30. US B2B eCommerce Will Hit $1.8 Trillion By 2023（https://reurl.cc/XkbLn3）

C2C 的交易，由於產品的交易品質難予保障，常常發生消費者糾紛，所以 C2C 交易平台一旦取得初步的成就後，也都加入 S2C 的戰局，如 eBay、淘寶網與 Shopee 等，開始經營傳統電商的生意，與 S2C 平台爭奪市場。

不過，像 Amazon 這樣成功的 S2C 平台，也不好惹。記得在美國進修大數據預測科學時，在 Amazon 買的教科書，也鼓勵你將舊書賣回給它，反向做起 C2C 的生意；但是由於有純熟的電商經驗，Amazon 經營 C2C 時，在流程上給消費者多了一些保障。

所以，平台為了求生存，不管一開始是 S2C 或 C2C，都可能在不同的模式之間找機會，不同的階段有不同的因應策略！

最後一種是 C2S，為消費者到供應商模式（Consumer-to-Supplier）： 即平台品牌的商業模式，主要是由一群消費者自發或者由平台發起聚合一群消費者，形成相對較大的採購訂單來使企業提供更大的優惠空間。

這種模式也是起源於網路興起的時代，消費者可以應用社群媒體或者是團購平台，向供給方的企業提供購買意向、買方人數、商品特徵、品牌、型號及商品價格等訊息，集體向企業議價，爭取較好的購買條件，就如本文一開始所敘述的案例。

C2B 模式長期成功的案例並不多，而這股風潮是由 Groupon 於 2008 年所刮起的，GOMAJI 則是台灣團購的代表。這類 C2B 的商業模式經營並不容易，例如 GROUPON 已經退出台灣市場，而 GOMAJI 也宣告退出團購業務，將經營重心轉向電子票券。

以上四種商業模式，可以說是平台品牌最基本的經營模式，但是就像是實體品牌一樣，隨著品牌的壯大、資源的增加，品牌為了成長會不斷的

演進。就實體品牌而言，會演化出產品線品牌、副品牌、多品牌、水平整合、垂直整合等不同模式；就平台品牌而言，則有可能在 S 與 C 之間不斷的組合、演進，而有所謂的 S2C2C、S2S2C、C2S2C 等模式。

然而，所不同的是，實體品牌的管理者，絕大部分都是在經營製造商與消費者的關係，也就是 S2C；但是平台品牌則產生了更多的可能，最大的區別就是經營這四種不同的雙邊關係。

平台就像一個蹺蹺板，無論哪一種商業模式，平台品牌的經營者，都要使蹺蹺板兩邊保持平衡。否則，就會造成「失衡的痛苦」。

什麼是「失衡的痛苦」？

我舉個例子，比如說，Uber。當司機太少、乘客太多，乘客苦等了 20 分鐘，車還沒來，乘客就痛苦了，下一次，他就不會用 Uber 叫車了。

但反過來說，萬一司機太多、乘客太少，司機在路上繞了半天，也等不到人叫車。這下子，司機賺不到錢，又換成司機痛苦了，之後，就不會想再加入 Uber 了。當有一方痛苦，這些參與者就會退出平台，燒再多的錢，也挽救不了平台的崩壞瓦解！（圖 2）

■ 圖 2. 供需失衡讓品牌陷入痛苦！

供應商　　　　　　　　　　　　　　　　　消費者

所以，經營平台品牌，保持雙邊的平衡關係，就顯得格外重要。

那你大概會問，怎麼知道什麼時候司機太多，什麼時候乘客太少呢？這就要靠大數據了。**透過後台的大數據監測，找出每一個時段司機與乘客的數量變化、司機在路上空轉的時間、司機與乘客媒合成功的時間，以及乘客等待車子到來的時間，便可以算出司機與乘客的「痛苦指數」了。**

想想看，實體品牌是如何降低痛苦指數？就是透過整合行銷的方式，全方位的吸引消費者，把產品賣出去。我也觀察到，很多平台的創業者或經營者，通常大量燒錢來刺激成長，其實應該有更好的方式。

除了燒錢，我們可以結合大數據行銷，讓供給方與需求方保持平衡，克服雙方的痛苦指數，加快平台品牌成功的腳步。（詳見VI 大數據 × 大平台行銷策略）

✐ 品牌筆記

實體品牌的管理者，絕大部分都是在經營製造商與消費者的關係，也就是 S2C；但是平台品牌則產生了更多的可能，最大的區別就是經營四種不同的雙邊關係。

39. 經營內容品牌 PRRO 取代 AIDA

2013 年，公司派我到上海合資公司擔任總部主管，協助管理一個餐廳品牌。這是一個新事業，品牌知名度非常低，在大眾點評網上的評價，普遍都只有 3 到 3.5 顆星。

我觀察到很多消費者到餐廳前都要先開大眾點評看一下，這家餐廳有幾顆星，再決定是否去消費，這種行為現在則是全民運動。對於幅員廣大的大陸市場，外來人口多，店家更多，不知道該如何選擇，看點評就顯得特別管用。

所以，我訂下一個管理目標：要把網友的評價列為營運團隊的 KPI，設定每個店至少都要能達到 4 顆星。之後，我每週開會檢討，再把網友的評價，分成菜色、服務、氣氛及其他等四類，對症下藥，限期改善。

如何讓客人願意給我們4顆星的評價？有些人會買假帳號，給假評論，但那是欺騙消費者，只會形成短暫的風潮，所以我絕不那樣做。

我們怎麼做呢？首先得就留言所提到的基本面不斷進行改善，同時鼓勵現場服務同仁跟客人聊天，如果客人感覺滿意，這時服務同仁就會介紹我們的活動：「如果你幫我們點評，立即多送一道菜！」原本滿意的客人，這下更開心了，通常會給高分。

結果，短短半年內，九成的分店都達到 4 顆星以上，我們的業績也每個月至少成長五成，整整持續了兩年，一點都沒有誇張。

大眾點評內的餐廳，就如同 Airbnb 上的民宿、Trivago 上的飯店，都

是屬於平台上的內容品牌。

　　過去，經營實體品牌，有個由美國廣告先驅埃爾莫劉易斯（Elias St. Elmo Lewis）[31] 最早所提出、也是最經典的，幾乎是所有行銷人都能朗朗上口的行銷觀念：A-I-D-A，即要達成行銷目標，首先要建立品牌知名度（Awareness），沒有知名度一切免談；其次要引起消費對品牌產生興趣（Interest）及對產品產生購買慾望（Desire）；完成以上三項任務，就有可能讓消費採取購買行動（Action）[32]（圖1）。這4個目標可以繪成一條由左上到右下的曲線，而行銷的一切努力，就是把這條曲線往上推升。

　　在這個過程中，人數會逐漸遞減。對於一個完全競爭市場的大品牌而

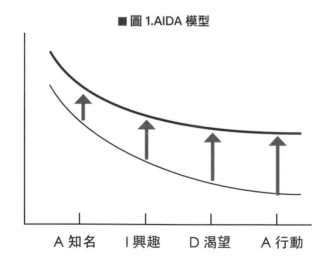

■ 圖 1.AIDA 模型

A 知名　　I 興趣　　D 渴望　　A 行動

---

31. E. St. Elmo Lewis-WIKIPEDIA (https://reurl.cc/D6pmG6)
32. 行銷大師科特樂 (Philip Kotler) 提出了 5A 模式，詳見「14. 還在經營粉絲嗎？直接跟會員溝通才是王道」。

言，知道的人可能有 9 成，感興趣的只剩 6 成，有渴望購買產品的人更只剩 3 成；最後願意採取行動購買的，可能就只有 1 成不到了。

在實體經濟時代，品牌的經營者是透過各種整合行銷工具、花費大筆的預算，用於廣告、促銷及公關活動來提升品牌的知名度、消費者的興趣、好感度，讓消費者「信任」品牌，最終選擇品牌。

然而，在大數據時代，消費者信任品牌的方式改變了。世界知名的「信任」研究專家波茲蔓（Rachel Botsman）指出 [33]：「人們已經停止信任機構，並開始信任陌生人。」她進一步說，這是一個「分散式信任」的時代，也是一種重寫人際關係規則的時代。

平台經濟的崛起，則是分散式信任從萌芽到大爆發的溫床。你在生活中可以發現，我們開始為每樣東西評價，例如評價 Uber 的司機、Airbnb 的房東、淘寶的賣家等等；同時，我們也無時無刻的被評價，例如司機會評價乘客、房東會評價房客、賣家會評價買家等。

這種分散式的、公開的互相評價機制，產生了對數據的依賴，形成新的信任基礎。對你在大數據時代建立品牌，有非常大的意義，完全呼應了我文章一開始所提到的，用評價來建立品牌、管理品牌，是非常有效的。

大數據時代大眾媒體不再那麼有效，卻給了我們一個新的機會，應用分散式信任的機制來建立品牌。因此，我歸納出一個新架構， 即以 PRRO 來取代傳統的 AIDA，成為經營品牌的新法則。**PRRO 就是 Platform（平台）、Review（評價）、Reliance（信賴）、Order（購買）。**（圖 2）

---

33. Who Can You Trust? Rachel Botsman, Public Affairs, November 2017

Platform：首先，你必須找出最多人用、最有影響力的幾個平台品牌，然後依附在上面。由於資源有限，你不可能同時去十個平台，就像在實體世界，你的產品不可能上架到所有的行銷通路，而是會與市占率最強、對象最適合的通路合作。「大樹底下好乘涼」，就是這個道理。

Review：接著，認真經營品牌在這些平台上的評價。根據行業不同，有各種各樣的平台可以選擇，如餐飲有 EZTABLE、TripAdvisor、大眾點評、inline、Yelp 等；住宿有 Airbnb、Agoda、Booking.com、trivago 等；租車有 Uber、55688、滴滴出行、Grab 等。

但許多人也許不熟悉，全球最大的平台 Google 及 Facebook，也有評價系統。我在多年前曾經替旗下每一個品牌、每一家店，註冊 Google 的「商家資訊」，讓顧客搜尋餐廳的時候，就能看見我們，也讓消費者消費後可以留下評論。

Reliance：鎖定平台後，再透過各種服務及行銷方法，提升顧客的評價。傳統上，我們用 0800 客服專線來管理顧客意見，但現在顧客不見得會再打電話反應，而是直接去網路上發表評價。每一則評價，都會直接影響潛在消費者對品牌的信賴度。

根據 Forrester Research 對線上使用者的調查，有高達 46% 的消費者

相信網路上的評價，只有 43% 的消費者相信公司的行銷訊息，對於公司官方網站的信任度則更低，只有 32%。這個數據告訴我們，如果你的品牌要得到消費者的信賴，甚至不需要透過廣告，提升正面評價比什麼都重要。

Order：當信賴度越高的時候，就會為品牌帶來大量的訂單。有些人以爲，我經營的是實體品牌，對網路不需要太關心，甚至也不太瞭解，這是一件很危險的事。實體品牌生意不好，更應該回頭看看，是不是在網路上的評價很差，而不是老想著去投廣告。

這種在分散式信任理論基礎下，建立的 PRRO 品牌管理模式，可以讓平台上的內容品牌，也就是供給方的賣家，可以不需要再仰賴傳統上的整合行銷，來建立消費者對品牌的信任，這是在大數據時代建立品牌，一個很大的差異。

PRRO 是站在供給方的角度管理內容品牌；作爲一個消費者，你一定也不知不覺的相信評價、跟著評價走。然而，這完全沒有可議之處嗎？

也許你還記得部落格的時代，實體品牌產品如餐廳、手機、食品等，爲了在網路上得到好口碑，不惜花錢僱用部落客撰寫各式開箱文、嘗鮮文，來贏得消費者的青睞。現在內容品牌，同樣可以聘請「公關」公司來製造假評論，只是目前的手法更加高明了，有些是透過 AI 機器人來撰寫張貼。這種現象，中外皆然。

微信公眾號「小聲比比」[34] 就曾經爆料中國旅遊網站馬蜂窩，「2100 萬眞實點評裡面有 1800 萬條是他們通過機器人，從大眾點評網和攜程網（中國大陸大型旅遊網站）等競爭對手那裡抄襲過來的」。來自西方世界

---

34. 《馬蜂窩》85% 都是假評論？自媒體批「大 V 用戶」：殭屍還差不多 (https://reurl.cc/avDV5D)

的平台也不遑多讓，根據英國的《泰晤士報》[35] 揭露，每月造訪人次達 5 千萬的 TripAdvisor，有三分之一的評價涉嫌造假。

假評論一方面會影響平台品牌公信力，另一方面也會影響消費者對內容品牌的信任度。所以，對平台經營者而言，建立一套評論的管理機制，也是建立平台品牌的一部分。例如 TripAdvisor 經歷了 2018 年的假評論事件後，對評論的檢核機制更嚴格了。TripAdvisor 建立一套大數據留言偵查系統 [36]，每當一則留言被上傳後，都會經歷一整套的檢查程序，包括偵測留言位置、發文頻率、設備規格，同時檢查平台供給方收到的評價與過去是否有何不同，最後做出綜合判斷，才上傳貼文。

身為一個消費者，你依賴網路評價，但是也要有自己的獨立判斷，以避免踩到誤區。TripAdvisor 指出，假評價有三類：即帶有偏見的正面評價（Biased Positive Review）、帶有偏見的負面評價（ Biased Negative Review），以及付費評價（Paid Review）。這些假評價，因為都存有偏見，刻意討好某一方，所以只要你多用心注意，有些也可以被辨認出來。

每一件事都有它的正面及負面，評價也一樣；所以，你不要因為評價的負面影響卻步。在大數據時代，如果是一個內容品牌，**我要建議你，大膽把網路評價列為管理品牌重要的 KPI；如果你是一個消費者，謹慎的參考評價，以便得到更佳的消費體驗。**

---

35. "A third of TripAdvisor reviews are fake" as cheats buy five stars (https://reurl.cc/q8qLgR)
36. How Does Tripadvisor Catch Fake Reviews? (https://reurl.cc/A8lA7p)

✐ 品牌筆記

在大數據時代，我們以 PRRO 來取代傳統的 AIDA，成為經營品牌的新法則。

40. 大數據品牌法則：
該做品牌電商，還是加入平台？

　　大數據時代，網路消費已經成為常態。根據權威線上統計網站 statista 資料顯示[37]，2017 年，美國網路族群已經有超過 77% 的人上網購買日常用品；同樣的統計基準，中國大陸最高，達到了 83%；而台灣的網購人口，也達到 76%，排名全球第 8。

　　網路商機無限，許多實體品牌紛紛在官網賣起自家產品，但線上營業額的占比，始終非常低。放眼國內外，幾乎找不到一個在實體品牌與同名網路電商都很成功的品牌，連百年大品牌 LV 也不例外。

　　你要買奢侈品，你會到 LV 的實體店去，還是 LV 的電子商務網站呢？事實上，早在電商崛起的時代，LV 也建立了自己網站銷售 LV 旗下的產品，不過到了 2009 年，就鎩羽而歸。

　　這樣的故事，實體企業每天都在上演。**定位大師 Al Ries 說過[38]：「如果網路是一門生意，但是你同時把品牌名放在實體店及網路，將是一個嚴重的錯誤。」**

　　八年後，也就是 2017 年 6 月，LVMH 再度宣佈進軍電商 ，只是這次

---

37. Global markets with the highest online shopping penetration rate as of 2nd quarter 2017 (https://reurl.cc/0OeZao)

38. 22 Immutable Laws of Branding, Al Ries & Laura Ries, Harper Business, September 2002

39. Launch of 24 Sèvres, the new online shopping experience (https://reurl.cc/zzk6K0)

作法變了，有了一個全新的名字，叫 24 Sèvres[39]，不只賣 LV，也賣其他品牌產品。

有人也許會反駁說，因為奢侈品不適合作電商，其他品類可能不一樣啊！

好啊，我們來看看其他產品類別。談到實體書店，我們會先想到誠品與金石堂；但是網路買書，你先想到誰？多數人應該會回答 Amazon 或博客來！提到買日用品，你會到 PChome 或 momo 購物網，還是到 P&G 的官方網站？多數人的答案應該是 PChome 或 momo！

這樣的邏輯全世界都一樣，H&M 在 1989 年就建立起同名品牌的電子商務，但經營結果平平；反觀 UNIQLO 及 ZARA 為了搶食中國的網購市場，陸續加入淘寶網。

為什麼實體品牌做同名電商很難成功呢？我認為它違反了經營品牌三個很重要的法則：

第一，違反大數據時代品牌法則。

我們前面提過，大數據時代誕生了三種新型態品牌：平台品牌、內容品牌及網站品牌。三種品牌，經營策略大不同，但很多人都把它們搞混了。

首先，網站品牌是實體品牌的延伸，比較適合當作自家的產品或服務的完整說明書，例如 Starbucks 的網站；如果實體品牌硬是要拿來做電子商務網站，用來服務既有的會員，不失為一個很好的方式，例如 Costco 的網站。但如果逆向而為，只能功敗垂成，就如 LV 的例子。

其次，如果實體品牌想要跨進電子商務，可以好好思考怎麼成為一個平台，不是用既有的品牌賣自己的產品，而是以一個新品牌同時經營同類

所有的產品，比較有可能成功。

再者，如果你的能力及資源不足以經營一個平台，那麼可以加入既有的平台品牌，成為內容品牌，例如你經營的是旅館，可以加入 Agoda 或 Airbnb。

第二，違反品牌延伸法則。

品牌延伸的成敗有三個決定性的元素：品牌資產、公司資源與消費者認知。

舉例來說，提到誠品，我們立刻聯想到一家風格書店，這就是「品牌資產」；誠品的大部分資源也放在書店的硬體設備，這是「公司資源」；顧客則期待來誠品，就能感受優雅、人文氣質的閱讀氛圍，這是「消費者認知」。

一個強勢的實體品牌，這三個元素一定都與品牌深刻連結。換句話說，誠品網路書店雖然也用「誠品」這個名稱，但是它沒有實體店面、也無法提供閱讀氛圍；加上組織經營的慣性，公司資源很難轉移到網路品牌，使得網路書店給人的印象比不上實體，當然無法跟專注在網路書店的博客來競爭了！

第三，違反品牌資源聚焦的法則。

有些實體品牌以為，只要在自家官網上開個入口，就可以做電子商務，一魚兩吃。但因為只賣自家產品，交易量很低，卻又要建立物流和金流系統，成本很高，最後無以為繼。

這類品牌很多，除了前述誠品、金石堂，還有 ASUS、阿瘦皮鞋、夏姿等。王品也曾經考慮開放網路訂位，增加一個收入來源，聽起來很棒，不是嗎？事實上，網路訂位一天只有幾個，店面卻要派人定時檢查、電話

確認、軟硬體投資等，墊高了管理成本，所以決定還是別做。最後，還是選擇加入既有平台 EZTABLE，成為其中的一分子。

實體企業缺乏網路思維，又沒有實體品牌原有的優勢，還要花大錢做後勤系統，這三個原因，使得實體品牌做起同名的品牌電商，既不精準又不俐落，到目前為止可以說幾乎沒有大成功的。

所以，在這個網絡品牌崛起的時代，實體企業如何參與這一場遊戲？我認為有幾種可能：

一是可以把品牌官網，當作服務既有顧客的通路及媒體，把大數據會員行銷發揮到極致。（詳見 V 大數據 × 大平台品牌策略）

二是如果決定要進入電子商務的紅海，就取個新名字、找一群新人、成立一個新平台，用新思維重新開始！

又或者三，考慮公司的資源有限，可以選擇加入既有的平台，成為一個內容品牌，仍然可以取得大量的數據，直接與大數據時代接軌！

✎ 品牌筆記

> 定位大師 Al Ries 說過：「如果網路是一門生意，但是你同時把品牌名放在實體店及網路，將是一個嚴重的錯誤。」

41. 大數據品牌法則：
這些東西，別放在網路上賣！

　　現在，不管你做什麼生意，似乎都得在網路上賣，難道真的是這樣嗎？把不對的產品，放到網路上賣，也是一種災難。

　　踏入網絡品牌之前，你一定要先問自己：我的產品適合上網賣嗎？什麼產品適合上網賣？什麼又不適合？提出「定位理論」的行銷大師 Al Ries 建議，可從五個面向來檢視 [40]：

第一，你賣的是有形的產品，還是無形的服務？

　　無形的服務，如金融、媒體、音樂、影片、旅遊以及電腦軟體等，比有形的產品好賣。你可能還記得，以前網路速度慢，大家也擔心網路安全，要買防毒軟體，大家還是習慣去 3C 賣場。付了錢，消費者拿到的是一個大大的盒子，裡面只有一片薄薄的光碟片。

　　現在，軟硬體技術進步了，也克服了資安疑慮，無形服務的銷售就起飛了，例如我們可以在線上訂閱 Apple Music、也可以透過 NETFLIX 看到最新的影集，只要按幾個鍵就購買完成，不用擔心運送問題。

第二，你賣的是時尚產品，還是一般日用品？

　　重視心理訴求的產品，如精品、名錶、名車等，目前消費者直接在網

---

40. The 22 Immutable Laws of Branding, Al Ries & Laura Ries, Harper Business, September 2002

路購買還不普及。這是因為，目前實體店面的形象塑造及消費體驗，才是這類產品的成功關鍵。

我們可以看到即使是訴求高價位、高品味的精品及 iPhone，雖然也能在官網購買，但它們仍然在全球開出體驗店，牢牢的吸住粉絲。

不過，我認為隨著上網購買成為一種難戒的「癮」，這類奢侈品公司，也得開始調整行銷策略，經營網路的消費者。

未來，時尚產品的實體店面，很可能都變成 Showroom，扮演塑造奢華體驗及品牌形象，網路品牌的經營，終將顛覆傳統通路，翻轉過去成功的規則。

第三，你的品項只有數十種，還是數千種？

當你販售的產品多到數不清的時候，例如零件、文具、書等，網路就是一門好生意。

回想一下，當你要買一個特定品牌、特定規格的筆；你要先找到一家文具店，來到筆區，認出這個品牌，最後把筆一支支拿起來確認。氣人的是，有時候走完這一套流程，才發現沒貨啦！白白浪費時間。

但一家網路文具店，就像一本超大型錄，只要輸入幾個關鍵字，你就能找到想要的產品，便利又省時。

但是，如果你只有幾十種產品，沒有特殊性、也沒有死忠粉絲，經營規模小到不成一門賺錢的生意，上網賣就不划算了。比如說，這時候要用自家官網開一家網路書店，鐵定是拚不過 Amazon，這不僅僅是規模的問題，也是違背實體品牌在網路做生意的法則。

第四，消費者對你的產品價格敏感度高嗎？

許多電子商務過去都是以比價起家，像是強調機票、旅館、租車比價

的 priceline 和 Tripadvisor。

這裡，我要提醒大家一個重要觀念：在實體通路，價格比別人多幾十元，顧客也不知道；但網路比價很方便，所以上網賣產品的宿命，就是被比價。想逃脫這個宿命，唯一的機會就是把產品差異化，同時建立品牌。

如果產品力及品牌力沒有強到消費者非你不可，你的價格就必須很有競爭力。反過來說，如果你的價格競爭力很強，就更適合做網路生意，因為顧客更容易注意到你的優勢。

第五，你的產品運費占成本的比率高嗎？

如果你的產品單價低、重量重、體積大，又必須當日到達或冷藏配送，運送成本鐵定低不下來，那就不適合上網賣。

可能有人會說，「PChome 也賣衛生紙啊！」那是因為，PChome 是平台，衛生紙只是它上萬種產品之一。如果是一個衛生紙廠商在網路上賣它的產品，顧客又不可能囤個幾十包在家裡，所以肯定不是消費者的首選。

所以，如果你賣的是日常用品，品項少、價格敏感度高，運費又占比大，那基本上是不適合上網賣的。

但也別灰心，不能在自家官網做電子商務，你還是可以把官網當成服務既有顧客及媒體經營。這裡，我要來分享把官網當成媒體可以做什麼，以及有什麼好處。

首先，官網就像一本完整的產品手冊，你在實體世界跟客人交代不清的內容，都可以放在上面；其次，放上公司文化、產品保證、貨品配送進度、退換貨政策等訊息，讓客人更信任你；最後，作為發布官方訊息的管道，讓社會大眾及媒體可以在這裡取得第一手的正確資訊。

因此，對實體品牌而言，官網實在很難成為一門生意去經營電子商務

獲利，但卻很適合當作媒體，與網路上的消費者溝通，強化實體品牌的力量。

　　不過，也許你也注意到了，很多企業的官網，可以說是聊備一格，別說是一個媒體，很多資訊可能都沒有及時更新，折損品牌形象。

　　你的產品適合上網賣嗎？可以用這五個面向先檢查看看！

✐ 品牌筆記

對實體品牌而言，官網實在很難成為一門生意去經營電子商務獲利，但卻很適合當作媒體，與網路上的消費者溝通，強化實體品牌的力量。

42. 大數據品牌法則：
網絡品牌，第二名的求生之道

如果你 2003 年就開始玩社群網站，你一定聽說過 MySpace。在 2003 年到 2007 年間，MySpace 是全美第一名的社交網站，歌手在這裡發表單曲，一般人在這裡交友，全美國社交網站流量的八成，都進了 MySpace。

2005 年，MySpace 差點買下 Facebook，最後反而以 8.5 億美元，賣給了美國最大的新聞集團。那一年，MySpace 的聲望如日中天，流量甚至超過 Google 和 Yahoo。

但 2009 年後，戰情急轉直下，MySpace 一蹶不振，Facebook 卻一路超前。經過多次的買進賣出，2011 年，MySpace 再以 3500 萬美金出售，只剩當年併購價的 4%；而同一年，Facebook 成為全美流量第二高的網站，僅次於 Google。

MySpace 與 Facebook 的此消彼漲，我們學到了一件事：網路世界沒有第二名，只有贏者通吃。

這也是網路與實體世界的最大差異。**實體世界的同一品類，至少有兩、三個規模相近的品牌，有人愛麥當勞，也有人吃肯德基；有人愛可口可樂，也有人只喝百事可樂。**

但網絡世界卻不是這樣，在每一個類別裡，纏鬥到最後、能獨占到最後，並獨占鰲頭的，往往只有一個品牌。在西方世界，社群網站是 Facebook 獨大，搜索引擎則由 Google 囊括九成市占。在電子商務領域，

Amazon 幾無敵手；談到在線看片，NETFLIX 也遙遙領先。

網絡世界在中國大陸，構成一個個很獨特又相對獨立的市場，而且還在不斷的演化中，會不會有什麼不同呢？在搜尋的領域，百度已經獨大；在 B2B 電子商務交易市場，阿里巴巴已經發展成為一個幾乎無人可以撼動它的地位。

在社群平台上，微信一支獨秀，而不斷的延伸到其他的領域，如手機支付；在移動支付的領域，微信支付也與支付寶打得難分難解，支付寶從獨占 7 成以上的市占率，微信支付則夾雜著微信擁有龐大社群的優勢，不斷的攻城略地，截取了 37% 的市場份額，兩家合計占有 9 成的市場 。這場戰繼續打下去，會不會出現西方市場常見的一家獨大的淘汰賽呢？就讓我們拭目以待！

不只是西方世界及中國大陸的戰場，台灣的戰況也非常激烈。本土的網購龍頭 PChome 與外來的蝦皮（Shopee），也正為霸主的地位，祭出大量的補貼，打得難分難解。為甚麼非要爭第一不可？因為擔心一旦落入第二名，翻轉市場的機會近乎零！

作為一個品牌行銷工作者，我常在想，第二名，難道真的沒有機會了嗎？作為一個消費者，我也非常沮喪，我們只有一個選擇，對市場競爭是健康的嗎？身為一個管理者，我也很擔心企業沒有跟這些品牌談判的籌碼。再者，對於一個想創業的年輕人，難道在這個大數據時代，他們沒有機會了嗎？

其實，網路世界還是有贏的機會。想勝出，就要做第一名不想做的事，

---

41. 2017 年中國第三方移動支付市場發展報告。

而且要做得精、做得深。

我們先來看兩個例子。

第一個是網路影音平台。談到網路影音平台，你一定會想到擁有超過10億用戶的 YouTube。但如果談到高畫質影音，就不得不提到 Vimeo。Vimeo 在台灣用戶雖然不多，卻是高畫質影片拍攝者的分享平台首選，目前全球已有超過2億用戶。

在網路購書平台，也有一個類似的例子。Amazon 已經橫掃市場，連美國最大實體書店 Barnes & Nobles 也不敵競爭。難道，網路上就沒有賣書的商機了嗎？其實在這個市場巨人的身邊，卻有幾個小品牌活了下來，而且活得還不錯！

首先是 BetterWorldBooks，它鎖定教育市場，專做教科書；另一個則是 Medscape，它只賣醫療書籍及相關用品，滿足醫療專業人員與對醫學有興趣的一般讀者。兩個品牌都各擁一片天。

平台在面對競爭的存亡之戰，中國公司跟美國公司採取很不一樣的策略。根據李開復[42]的歸納，美國走的是「輕量」模式，中國則是採取「重磅」模式。重磅模式，就不只是成為資訊與知識分享平台，還想要親自招募商家、處理商品、經營物流、成立車隊、提供維修服務、掌控支付平台等。

最典型的例子就是美國的 Yelp 跟中國的大眾點評，都是在2003、2004年成立的。Yelp 是我在人生地不熟的美國進修時，賴以解決日常生活問題，最常用的一個平台，找餐廳靠它，找理髮店靠它，找診所也靠它，

42. AI 新世界，李開復，天下文化出版，2018.07
43. 決勝平台時代，陳威如、王詩一，商業周刊，2016.11

因爲 Yelp 上面的評價，特別是對外來的旅客非常有用。

反觀大眾點評，除了提供餐飲消費評價，也發展團購，建立支付系統，後來還成立外送車隊，提供餐飲到府外送服務，猶如今天 foodpanda、UberEats 在做的事。2013 年我剛好到上海工作，另一後發平台美團，積極挑戰大眾點評的地位，願意以更好的條件跟品牌合作，所以我們有很多新客人都是從美團來。2015 年美團與大眾點評合併，跨足的領域更多了，服務涵蓋餐飲、外賣、酒店、旅遊、電影、休閒娛樂等 200 多個品類。

前面兩個例子證明了一件事：**即使市場競爭地位已經成形，只要找出未被滿足的顧客與產品，再把利基市場做得比巨人還精、還深，還是能在巨人的身邊占有一席之地的；最後兩個例子說明，只要口袋夠深，快速的佈局資源，或者只要策略應用得當，也有顛覆市場的機會。**

這些策略不僅網路適用，也完全符合經營實體品牌的「定位法則」、「焦點法則」與「延伸法則」。

所以，網路世界真的沒有第二名品牌嗎？答案恐怕是不一定的。只是，與其在大眾市場的紅海爭第二名，不如去利基市場的藍海當第一名，成功機率更大。

如果這個邏輯成立，那我們就可以在大品牌旁邊，找到非常、非常多的創業與創新機會了！

✎ 品牌筆記

在網路世界，與其在大眾市場的紅海爭第二名，不如去利基市場的藍海當第一名，成功機率更大。

VI.

大數據 × 大平台行銷策略

平台品牌與實體品牌最大的不同，就是要兼顧供給面與需求面，
還有 UI/UX 的設計，同時透過後台大數據全面掌握使用者的行為。

43. 大平台一定要燒大錢嗎？

我是五年級世代，剛出社會的時候，最有名的經營者通常出身業務或研發，例如台塑創辦人王永慶是賣米起家，宏碁施振榮則是研發出身。

但創業者的出身背景，會隨時代改變，網路創業者大多是理工或資訊背景，例如 Facebook 的創辦人祖克伯（Mark Zuckerberg），就是技術超強的軟體工程師。

超級的業務及技術能力，創業初期很管用，但是當公司成長、壯大之後，就需要其他專業來補足。就網路業而言，由於科技領軍，但科技人往往不擅長品牌行銷，所以許多新創公司營運後便轉向創投融資，用大量補貼來刺激成長。

為了補貼，Uber 創辦人卡拉尼克（Travis Kalanick）曾經說過[1]：「在中國，我們一年虧損超過 10 億美元。」這 10 億美元的很大一部分是在與滴滴（大陸最大的叫車平台）補貼大戰中燒掉的。

再來看看競爭非常劇烈的共享單車市場，從大陸一路打到新加坡。2016 年，第一輛 ofo 小黃單車，出現在新加坡國家美術館前的廣場開始，隨後摩拜（Mobike）也加入戰局，一時之間東海岸、西海岸、捷運站外，到處停放小黃、小紅單車。那時，我剛好也在新加坡，從捷運站轉換單車到目的地，對我來說是一件很方便的事。

---

1. 到中國 3 年的 Uber，終究還是棄守（https://reurl.cc/r8V6kZ）

由於兩大單車的補貼，初期加入騎乘是不需要付費的。2018 年 3 月，ofo 宣布融資 8.66 億美元[2]，沒多久後，ofo 及摩拜相繼傳出營運失利。2019 年初，再到新加坡，我能看到單車的數量已經非常少，顯然這場補貼大戰，沒有贏家。

你我都有這樣的經驗，透過平台品牌的補貼，我們看上的是產品及服務的價值，而決定買它是因為「價格便宜」，補貼強力的改變了我們的消費行為。因此，一旦停止補貼，很多人也就不再使用了，或者有其他品牌提供更高的補貼，到手的客人就會跟著價格跑掉，PChome 與蝦皮的大戰就是如此。

2016 年的 PChome 商店街，是當時台灣市占率最大的開店平台，占整體使用開店平台網路商店的 76%，擁有超過三分之二的市占率[3]。蝦皮在 2018 年進入台灣市場砸大錢做免運補貼，把本土的電商領導品牌 PChome，打到後來宣告從資本市場下市，如今兩者都陷入苦戰。

補貼顯然是平台品牌發展初期，一項非常殘忍的消滅對手的策略，但也不保證補貼取得市場後，就一定會成功。

如果補貼會贏，Uber 就不會在近幾年處處受挫了。2016 年，Uber 在大陸的業務被滴滴出行合併；緊接著 2017 年，俄羅斯業務被當地業者 Yandex NV 合併；2018 年，東南亞業務又被 Grab 合併；甚至，連它在美國的主場，市占率也被最大競爭對手 Lyft 拉近。

所以，補貼不是唯一或最好的策略，只能做為進入市場初期的策略，

---

2. 是誰真正擊倒了摩拜？（https://reurl.cc/GrY4xx）
3. PChome 跟 Amazon 的補貼差在哪？補貼搶市占真的能賺錢嗎？（https://reurl.cc/e8oL3Q）

一旦取得市場後，「持續的投資」及利用後台的大數據「持續的行銷」，才是關鍵。

以 Amazon 為例，從線上賣書起家，取得初步的成功後，再從網路書店不斷擴增產品線，持續的投資取得更大的成長。

除了 Amazon，美國的成功平台如 NETFLIX、Facebook 等，一旦取得初步的成就，通常會大量僱用大數據科學家，以 NETFLIX 或 Facebook 而言，擁有 1,000 位大數據科學家並不誇張。這些平台透過大數據科學家，一方面優化平台的營運，另一方面就是在做大數據行銷的「預測」及「推薦」。

反觀，PChome 商店街，奠定台灣電商龍頭地位後，就幾乎很少有大投資了，甚至近 10 年，平均將 70% 的現金股利直接發給投資人。

只要是創業，難免要燒錢；但如何讓錢燒得更有效率、使企業更快成功？這是身為一個品牌行銷人，我常常在思考的方向。

建立網絡品牌，可以說是大數據時代一個全新的領域，到目前為止仍然沒有一套像建立傳統品牌的理論，可以提供遵循。

所以，我試圖結合我管理品牌的長期經驗，以及到美國進修大數據預測科學的心得，還有回台灣後擔任平台品牌的輔導，試圖建立一套大數據品牌及行銷的管理模式，跟你分享。

✐ 品牌筆記

補貼只能做為進入市場初期的策略，一旦取得市場後，「持續的投資」及利用後台的大數據「持續的行銷」，才是關鍵。

44. 什麼是平台行銷的金三角？

行銷人才，尤其是優秀的品牌行銷管理人才，一直都是一才難求的，對企業來說，可以用稀有動物來形容。再加上，品牌行銷人才的能力，不像律師、會計師有證照來證明人才的能力；品牌行銷人才的能力，幾乎都是需要實務來磨練及開拓視野。

在台灣，我們從來都不缺乏好產品，但是我們缺乏好品牌；因為我們非常擅於製造，卻非常缺乏好的品牌行銷人才。好的行銷人才，就相當於品牌的最後一哩路；再好的產品，沒有人知道也相當於白忙一場。這也是商業總會為什麼成立品牌加速中心，希望透過集體的力量，幫助台灣中小企業建立品牌、走向國際。

過去，最厲害的品牌行銷人，很多來自國際級的廣告業與消費品業，如李奧貝納（Leo Burnett）、奧美（Ogilvy）、寶僑（P&G）或聯合利華（Unilever）等。

平台行銷與傳統行銷，其實大不相同：平台品牌往往沒有實體產品，例如 Uber 沒有自己的車，Airbnb 也沒有自己的旅館，介面其實就是平台的無形產品，所以平台賣的是「介面」上的「媒合」服務。對於經營平台品牌而言，平台的「介面」及供給雙方的「媒合」，二者缺一不可。

這種根本上的不同，也使傳統品牌行銷人對於網路平台經濟的崛起，存在著以下兩種「數位落差」：

首先，是溝通對象的落差。傳統行銷，是企業設定目標，再利用大量

的廣告、公關、促銷等整合行銷的工具建立品牌，是一種單向的溝通；而**平台行銷，並非單向的企業對消費者溝通，因為平台是由消費方與供給方所構成的媒合平台，所以建立品牌不再是單向的溝通，在溝通對象上，兩者都要兼顧。**

例如 Uber 的平台上，有司機也有乘客，不能所有的行銷活動都只鎖定乘客，事實上太多乘客反而會讓這個平台品牌提早陣亡，因為乘客太多等不到司機，或者需要很長的時間才能等到司機，有了不好的消費體驗，以後就不會再來了。

其次，是溝通策略的落差。實體品牌的經營者就是供給方，透過傳統的通路將產品賣給消費者，透過機器大量生產，不用擔心供給不足。因此，行銷策略通常只要針對消費者訴求，消費者愈多愈好！但是，平台行銷則不同，消費者太多也會引起困擾，因為供給方數量可能不足予完成媒合。

例如 Airbnb 的房客數量，如果多到常常租不到適合的房子，勢必影響消費者繼續到 Airbnb 尋找房源的意願，那麼 Airbnb 這個品牌的經營就會出現危機了。

傳統行銷的交易在通路上完成，平台行銷的媒合在平台上完成，這是兩者根本的不同。所以，**一個平台品牌的建立，必須兼顧平台交易的使用者介面（User Interface, UI）、供給方（Supplier）、需求方或者稱消費方（Consumer）三方，這就是所謂的平台品牌行銷金三角。**（圖 1）

所以完整的平台行銷，涵蓋「UI 的設計策略」、「供給面行銷策略」及「需求面行銷策略」。這也是我在工作中喜歡將複雜的工作，像抓襯衫的衣領一樣，快速的簡化成的三件事，然後用一個金三角把邏輯表現出來。後來發現，只要你對工作瞭解的夠透徹，你抓出來的三件事，幾乎可以立於不敗之地！

■ 圖 1. 平台品牌行銷的金三角

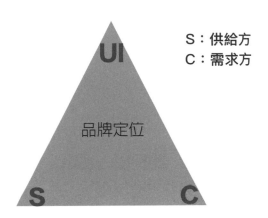

S：供給方
C：需求方

UI

品牌定位

S   C

✎ 品牌筆記

完整的平台行銷，涵蓋「UI的設計策略」、「供給面行銷策略」及「需求面行銷策略」。

45. 留住顧客的 UI 設計 8 大原則

相信你也會有這樣的經驗：想要加入一個平台或 APP 成爲會員，但是資料輸入到一半，可能因爲換了個畫面、可能找不到修改的可能、可能輸入的字串無法複製，也可能是功能按鍵的字太小，乾脆放棄了。

這其實非常可惜，等於是已經到嘴的肥肉飛了，而平台的管理者可能還以爲流量太小，一直用力的行銷。這不是行銷的問題，這是產品的問題。

出現這種狀況，就是平台的 UI（使用者介面）沒有設計好，沒有好的 UI，就不可能有好的使用者體驗（User Experience, UX），這兩者是有差別的。**UI，主要是頁面上功能的整體視覺呈現；UX，則是從使用者的角度去看，怎麼樣對使用者來說最直覺[4]。UI 是思考如何從視覺的角度呈現平台的內容與架構，而 UX 是思考如何從人性的角度解決問題，這是兩者最大的不同。**

理論上，先有 UX 的研究，才有 UI 的設計，設計好的 UI 又會影響使用者的體驗（UX）。UX 設計顧問尼爾森（Jakob Nielsen），曾經出版超過十本探討研究使用者體驗的書[5]，他曾經說「使用者體驗（UX），涵蓋了所有消費者對一個公司、它的產品，以及服務的所有印象。」這與我們定義一個實體品牌，給消費者的全方位體驗是一致的！

---

4. UI、UX 設計是什麼？用 9 個提高網站轉換率的方法告訴你 (https://reurl.cc/VXoN1Z)
5. Jakob Nielsen, Ph.D. and Principal at Nielsen Norman Group (https://reurl.cc/ygaYM2)

亞洲的平台的創業者，通常花很多的時間在討論平台的商業模式，但是卻花很少的時間在溝通平台介面與體驗設計。如果平台的創業者，認知到 UI/UX 也是影響平台成功的關鍵因素，可能就不會這麼輕易的放過它。

Booking.com 是線上旅館預定平台，是我出國預定飯店常用的網絡品牌。無論在行銷能力或介面親和力，都算是當今最成功的平台之一。它的成功也反應在股價上，每股的價格超過 Amazon、Google，更不用說其他的線上平台了。最近一年一股的價格曾經高達 2,200 美元，也就是如果你有先見之明，買了一張它的股票（1 張等於 1,000 股），你的身價就有 6,600 萬台幣，應該可以退休了。

Airbnb 則是一個國際化民宿出租平台，在一場 Airbnb 的創辦人傑比亞（Joe Gebbia）演講中，讓我印象很深刻的是 Airbnb 如何重視 UI 的設計，他說 [6]：「We bet our whole company on the hope that, with the right design, people would be willing to overcome the stranger-danger bias.」也就是說，Airbnb 傾全公司的資源去設計 UI，透過好的 UI 人們更願意完成訂房的服務、克服陌生人與陌生人之間彼此的不信賴。

他甚至進一步說，要留下多大的空間及提示消費者留下意見的文字，都是經過計算的。因為他認為，如果消費者留下太多的文字，是一種負擔；如果留下太少的文字則訊息量不足。

中外的兩大搜尋引擎 Google 及百度，極簡的平台設計，把自己的功能定位得非常清楚。百度雖然是模仿 Google，但在平台介面的優化，不遺餘力。在焦點團體的研究中，追蹤網路用戶的視線移動，發現中國大陸及

---

6. Airbnb 如何透過設計建立互信 (https://reurl.cc/od3rZ5)

美國用戶的電腦螢幕活動熱度圖，有明顯的不一樣。美國用戶的活動熱度圖，較集中在左上角，而且只會停留 10 秒[7]，就會離開搜尋結果的頁面。

反觀，中國用戶的活動熱度圖熱點面積非常大，而且會在搜尋結果的頁面，停留時間更長，約 30~60 秒，視線放射到所有的搜尋結果，且任意點選。百度持續對 UI/UX 進行研究、調整，成功的擴獲消費者的眼球，贏得了更多的用戶；Google 則為了維持美國總部策略，相信矽谷做出來的產品，對全球的使用者已經夠好了。

無論是 Booking.com、Airbnb、Google 或者是百度，一個平台品牌的成功，UI/UX 絕對扮演重要的角色。然而在網路的領域，很少公司願意投資在研究 UI 的體驗與設計，所以我們可以看到很多 APP 的介面設計都很「功能」導向，通常字體也很小，不注意往往看不到某些功能，UX 一點都不 user friendly。根據研究，97% 的平台介面的設計都是相當失敗的；而工程師花了 50% 的時間，在解決原本可以避免的 UI/UX 問題[8]。

那什麼是好的 UI 呢？人機介面研究教授康斯坦丁[9]（Larry Constantine）提出，**好的 UI 需要滿足六個原則：即結構原則、簡單原則、視覺原則、回饋原則、容錯原則及再用原則。**我將他的原則簡單歸納說明如下：

結構原則：就是 UI 的結構要清晰，同類、同層次的東西要放在一起，是平台或 APP 的生命。

簡單原則：就是如果能夠一個動作完成，不要設計成兩個動作，每多

---

7. AI 新世界，李開復，天下文化出版，2018.07
8. A Comprehensive Guide To Becoming A Kickass UI/UX Designer (https://reurl.cc/6lRvgk)
9. Human - computer interaction - Wikipedia (https://reurl.cc/od3RL3)

一個動作，就是讓消費者找到一個放棄的理由。

可視原則：就是要能夠讓使用者看到，目前輸入頁面所處的階段，可以透過頁面表頭的 menu 指引，或者箭頭燈號來達成，讓每一個功能順序都清清楚楚。

回饋原則：顯示使用者已經做過的選擇，不用擔心或忘了先前做了哪些動作，而需要不斷往回檢查，可能造成太麻煩而放棄。

容錯原則：包括允許 undo、redo 以及防呆的設計，提高輸入的效率，以及降低錯誤的成本。

再用原則：就是保持一致性，也就是相同的功能應有相同的名詞；同時相同功能的鍵，永遠放在同一個位置，如「確認」固定放在右下角，無論在那個畫面都一樣，使用上就會有熟悉感。

我還要補充兩個品牌行銷的觀點，就是 UI 的設計也要考量美感原則及定位原則。

美感原則：其實是最困難的。就像設計一張平面廣告，把文字填滿容易，把字體、顏色、留白、圖騰配得剛剛好，就是一門藝術了。美感會增加品牌的質感與好感，從而增加品牌的價值。

定位原則：就是所有的原則都要回到品牌定位，也就是要符合平台的定位，如優質餐廳的訂位平台，一進去就是要有訂位日期、用餐人數的提示，餐廳的氛圍及美美的菜色介紹，而不是一堆的促銷訊息佔據了畫面，讓人誤因為是促銷網站而不是訂位平台。

好的 UI 決定了完美的 UX（消費體驗）、完美的 UX 決定了消費者的黏著度，也就決定了交易的轉換率（Conversion Rate），決定了平台的成敗。

全球乃至台灣的 APP 平台，正如雨後春筍般的冒出，值得平台經營者從消費者的角度、品牌的體驗，好好的重視 UI/UX 的設計。

✏ 品牌筆記

UX 設計顧問尼爾森說：「使用者體驗（UX），涵蓋了所有消費者對一個公司、它的產品，以及服務的所有印象。」

46. 讓平台賣家大增的 7 個供給面策略

　　大數據時代，平台創業成爲顯學，無論是美國、中國大陸，甚至台灣出現了眾多孵育器，培植新創公司，所不同的是這些孵育器破殼而出的幾乎都是「平台」，諸如電商、支付、訂餐、交友、影音平台等應運而生。

　　平台的特色就由有供給方與需求方所組成，探討平台品牌的行銷策略也必需同時考慮這兩種對象，因而構成了供給面與需求面行銷策略（圖1）。由於平台特性不同，有些平台側重供給面策略，有些側重需求面策略；有些則是一開始重視供給面，之後再轉而重視需求面。

　　供給面行銷的目的有兩個：除了一開始需要吸引供給方加入平台，另一原因就是需求方的數量已經太多，平衡平台的生態。所以供給面行銷的目的，是爲了增加供給方，平衡供給方與需求方的數量，以提升平台的轉換率。

■ 圖1. 平台品牌的行銷策略

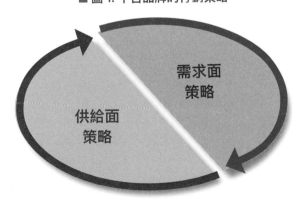

需求面
策略

供給面
策略

我歸納出供給面行銷,至少有 7 個策略,分別是(圖 2):

■ 圖 2. 平台的供給面行銷策略

第一是「影響者策略」（Influencer Strategy）

影響者策略,可以說非常接近實體品牌常常使用的代言人策略,例如林懷民推薦華航商務艙、某某名人是這家餐廳的常客等等。所以,平台品牌可以借鏡實體品牌的操作策略,只是需要隨時透過後台大數據,兼顧供給方與需求方的平衡。

例如電商平台邀請知名賣家進駐、媒體平台向知名作家邀稿,或是直播平台標榜「某某網紅在我這邊直播喔!」,都能吸引更多追隨者。

最近網路上流傳著「抖音」（Tik Tok）的短秒數影片，相信你一定看過。目前它的活躍用戶已經突破 5 億，單季 iOS 下載量更是超越 Facebook，成為全球第一。抖音透過經營「紅人」社群來聚聚，可以說把網紅的價值發揮的淋漓盡致，透過活動創造了大量有趣的短片，讓用戶瘋狂跟隨。

從這個例子也可以看出，供給面的成功，也可以拉動需求面，推進平台的成長。然而，影響者行銷要操作得宜，你需要遵循以下幾個步驟[10]：

第一步：明確定義平台的目標對象。首先，跟所有的行銷活動一樣，你要先知道你的目標對象是誰？是上班族、學生、家庭主婦，還是一些專業人士，從而列出合適的影響者。

第二步：選定適合的影響者。在挑選影響者時，你需要有很明確的評估標準，才可以挑選到真正能為平台帶來效益的影響者。一是影響者的性質必須與你平台所提供的產品或服務有相關性；二是影響者必須在該領域裡有一定的知名度及粉絲群，且粉絲的數量不能太低；三是影響者必須具備正面的個人形象。

第三步：邀請影響者為平台製作或推薦產品。要吸引影響者為你的產品作出推薦，就要讓他知道這樣做有什麼好處，亦要讓他知道他的參與是很重要的；同時要讓影響者感覺到備受尊重，才會讓他願意挺身為你說話。然而，切記不要向影響者推銷！市場推廣顧問公司 Influencer50 的總裁海耶斯（Nick Hayes）就曾說過：「無論如何，大多數影響者都有一個共同的特質：他們討厭被當做銷售對象。」

---

10. Instagram 的五小步帶你走進影響者營銷的世界（https://reurl.cc/4mMryR）

第二是「MGM 策略」（Member-Get-Member Strategy）

就是應用 MGM 的方式，由平台現有的會員去邀請新會員如入，成功後有時雙方都可以得到優惠。最常見的例子，就是 Uber 鼓勵目前司機，邀請新司機加入平台，一旦成功，就能獲得獎金。

MGM，其實就是會員經營的一環，許多傳統品牌都在使用這種行銷方式，例如零售、銀行、航空公司等，都有會員制度。來到大數據時代，由於我們可以收集的數據更完整，它的威力可以說更強大，進一步提升為大數據會員行銷。（詳見 V 大數據 × 大平台品牌策略）

MGM 成功的關鍵在於能辨識以下幾個因素：

第一：要能辨識高參與度的客人。高參與度的客人包括時常為你按讚、回覆訊息、參與活動，進一步則為交易次數較高的客人，這類客人在特質上有較高的熱情，較願意為你推薦新的客人。

第二：要有明確的溝通計畫。明確的溝通計畫是要讓這些高參與度的客人，知道你對他的重視；而且這樣的溝通內容要持續出現在平台、email或新聞信件的底部，讓人們再想要加入時，可以很方便的找到入口。

第三：記得要給予推薦成功的會員獎勵。獎勵的方案要經過 A/B 測試，來決定哪一個方案最有效；有效的獎勵方案，也會隨時間而邊際效用遞減，所以適時的改變獎勵的內容也是必要的措施。

第三是「事件策略」（Event Strategy）

這也是我最喜歡的行銷策略之一，因為它既省錢、又能創造大效果，只要你的創意夠吸睛，就能吸引消費者加入平台、提供內容。在中國大陸

兩年內快速竄紅的抖音，不到兩年就創造了 5 億的活躍用戶，全球也只有 6 個程式達到這個數量 [11]，其中靠的就是事件行銷。

例如，當抖音進入日本市場，舉辦「Tik Toker 公開挑戰賽」，用戶只要能創造出最受歡迎的短片，就有機會登上澀谷黃金地段的廣告看板，一時之間，6 萬則短片蜂擁而至，抖音也成功的拿下日本市場。

但是，要操作一個成功的事件行銷，你要注意五個原則 [12]，而且要滿足其中至少兩個原則，滿足愈多原則，愈容易成功。

第一，要有相關性，操作跟產品、對象、品牌訴求無關的活動，會拉低品牌價值；第二是創新性，最好是沒人做過的、首創的；第三是衝擊性，消費者聽到要有震撼感的；第四是可執行性，好的創意不是天馬行空，必須執行的出來；最後是提供誘因，讓消費者參與，同時創造營收。

我觀察到很多企業舉辦事件行銷，活動結束，人群散了，一切也跟著結束了，沒能為品牌創造營收，甚為可惜！一是因為沒有提供參與者即時誘因，留住客人；二是因為沒有提供後續誘因，讓客人有再度回籠的意願。

第四是「獎勵策略」（Incentive Strategy）

獎勵策略跟補貼不一樣的地方，在於補貼是人人有獎，而獎勵策略則是論功行賞，表現愈好的人，得到的獎賞也愈大。所以，為了得到最高的獎賞，人們會使出渾身解數，而平台也會得到更好的產品或作品。

最著名的例子，就是兩大手機平台業者 Android 與 iOS 的存亡之爭。

---

11. 成名只需 15 秒！抖音「網紅生態系」揭密 (https://reurl.cc/LdoWW4)
12. 多品牌成就王品，高端訓，遠流出版，2016（4 版）

Android 是後發品牌，為了迎頭趕上 iOS，以高達 5 億美元獎金在 10 個類別，鼓勵工程師發表 APP。

這樣的活動，吸引了全球工程師的目光，在重賞之下，大量好用的 APP 不斷上架，也讓 Android 成為另一個消費者愛用的手機平台，在市場上與 iOS 互相抗衡，可以說非常成功。

根據我的經驗，要讓獎勵策略大成功，有個簡單的原則，就是「大獎要大，小獎要多。」多大的獎項才叫大？基本上跟參與的難度及對象有關。難度愈高，獎項要愈大，如前述 Android 的案例屬於難度高的；參與對象則視參與者是一般人或專業人士而異，如參與者是學生，則 10 萬元台幣就已經非常多了。

為什麼小獎要多？小獎要多，是因為要讓參與者認為雖然人人沒把握，但是個個有希望。簡單講，就是總獎項的比率不能太低，視參與人數及活動類型，給獎率可以設定在 5%~30% 之間。

第五是「附加價值策略」（Value-Added Strategy）

為了提升供給方的黏著性，提供供給方平台核心產品或服務「以外」的企業解決方案。我在上海工作的兩年，大眾點評就提供附近區域開店熱點分析，給餐廳作為開店決策；台灣的 EZTABLE 也仿效 OpenTable，提供滿意度及消費者評論給餐廳，讓餐廳產生依賴感。

在台灣，我除了會用 EZTABLE，用餐時也會遇到與 inline 合作的餐廳。inline[13] 是一個雲端餐廳訂位管理平台，為了牢牢的綁住合作餐廳，推出了幾個有效提升附加價值的功能，例如顧客訂位後，系統會協助餐廳寄送簡訊給顧客確認，降低人為疏失、或顧客因故未出現而導致餐廳空轉

的損失；同時提供顧客預約訂位後，估計所需的侯位時間，讓顧客可以利用這個空檔去逛街，不用在餐廳門口苦等，這雖然是一個附加服務，但顧客及餐廳都喜歡。

再以淘寶網為例，瞭解到供給方對大數據的依賴，甚至直接成立了數據公司「淘數據」，直接賣數據給商家作為商業決策；還有，微信雖然是一個社交媒體，但是也讓企業可以在微信上建立自己的資訊及經營會員，進一步綁定了用戶。

知名的訂房網 Booking.com，更是創造附加價值的典範。它利用後台大數據的優勢，提供合作旅館成交價、對手價，以及平日、節慶假日價格差異分析，加上天氣及匯率等資訊，協助旅館找出收益極大化的定價策略，幫助旅館提升 7% [14] 的收益，牢牢的綁住供給方。

但是，相較於國外的平台，台灣的平台品牌附加價值的創造，仍然不夠重視，所以供給方的黏著度也相對較低。

如果平台只為了把供給方找進來，賺取媒合佣金，這樣的平台最終是很難成功的！

第六是「意見領袖策略」（Opinion Leader Strategy）

意見領袖策略，就是邀請在這個領域有深入研究的專家，成為平台的供給方提供服務，再透過他的權威及影響力，進一步吸引需求方加入。例如線上教學平台 Coursera，就是先請知名教授開課，綁定學生；德國線上

13. https://inline.app/
14. 荷蘭直擊 亞馬遜後最成功網路公司 (https://reurl.cc/m9QMR9)

學習平台 Iversity，則是用 B2B2C 模式與知名企業結盟，設計客制化課程讓員工進修。

這個策略在網路世界也常用 KOL（Key Opinion Leader）來表示，不過你要先釐清 KOL 與影響者有何不同，才知道誰對品牌有實際的幫助。

KOL 的影響力來自一個領域的專業經驗、知識，也就是某一個行業或產品有研究的專家或權威人士；反之，對影響者的信任來自其知名度及個人的愛好。

影響者通常來自線上，對社群媒體如 Instagram、Facebook、微博等用戶有極大的影響力；意見領袖也會對社群媒體的用戶有很大的影響力，但意見領袖的影響範圍則可能從線上到實體世界。例如，我的穿著會參考某某網紅，因為我欣賞他的穿著品味，但是我可能購買某個設計師的作品，因為他才是這領域的專家。

第七是「延伸策略」（Extension Strategy）

不當的品牌延伸幾乎是所有創業者都會犯的錯誤，有些僥倖成功了，不過大部分會失敗，而且不知道為何會失敗！

因為品牌能否延伸，決定於消費者對既有品牌的認知，以及企業資源而定 [15]。怎麼說呢？比如消費者不認為電腦廠商可以生產好的音響品牌，但是廠商為了擴大生意卻把觸角延伸到 HIFI 音響，消費者是不會買單的，宏碁在多年前就曾經推出家庭劇院而以失敗告終。

---

15. 多品牌成就王品，高端訓，遠流出版，2016（4 版）

但是廠商如果執意要這樣做可以嗎？那就看企業是否擁有足夠的資源，去改變消費者的認知。有足夠的資源就有可能逆勢操作，包括可以做出業界最好的產品，或者有更多的預算，透過宣傳改變消費者的認知，贏得消費者的認同。

延伸策略，就是平台從原來經營的產品或服務，擴增到更多的產品線。如果平台一開始就什麼都做，消費者會不清楚平台的專業定位，就不會輕易去使用它的服務。

所以，通常一個平台在某一個領域取得市場穩固的地位後，才比較適合採取這個策略。例如微信在社群交友的領域取得領導地位後，再進入支付的領域；Amazon 打敗所有實體書店之後，累積了足夠的技術與資源，成為無法撼動的品牌，才轉型成綜合電商，現在銷售超過 20 個類別的產品，成為全球市值最高的平台品牌。

延伸策略的思維，和傳統品牌一樣，如果你還沒有聚焦、經營出特色，就什麼都想賣，短期可能會增加 5% 營收，但給消費者的品牌印象卻稀釋了 95%；長期得不償失，是品牌失敗的原因之一。

以上七個供給面策略，並不是相互獨立或每次只能採用一個。可以因為平台所處的階段不同，而採取不同的策略；也可以交互應用，或一次同時包含了兩個策略的應用。

✐ 品牌筆記

供給面行銷的目的，是為了增加供給方，平衡供給方與需求方的數量，以提升平台的轉換率。

47. 讓平台用戶爆發的 7 個需求面策略

　　我們所接觸過的成功大平台，通常都有很強的媒合能力。無論是 Uber、Booking.com、攜程網（Ctrip）或 Alibaba 等，都很擅長將供給方與需求方的力量，不斷平衡向上，促成更多雙方的交易，這也是平台行銷與一般消費品行銷，最大的不同。

　　只要把需求面顧好，消費品廠商可以大量生產；但網絡品牌則兼顧供需雙方，當供給量太多時，就必須靠需求方來拉動。

　　需求面行銷也有兩個目的：一是平台一開始營運時，就需要有足夠的買方（如要有乘客才有人坐車），來平衡平台的生態；二是供給方太多，東西賣不出去（如房子太多沒人租），就需要吸引更多的買方。所以需求面行銷的目的，是為了增加需求方，平衡需求方與供給方的數量，以提升平台的轉換率。

　　當平台需要更多的買方，此時就要啟動需求面行銷，我歸納出至少有 7 個策略，分別是（圖 1）：

　　其中有三個策略，「影響者」、「MGM」與「事件行銷」策略，跟之前提過的供給面作法一樣，只是這一次，我要把焦點放在需求方。

第一是「影響者策略」

　　你也許不記得，Yahoo 曾經比 Google 更有名。2004 年推出的 Gmail 比 Yahoo Mail 晚將近 7 年，也許你會以為它提供比 Yahoo Mail 更多的免

費雲端儲存空間，但是比 Yahoo 提供更多雲端空間的平台何其多，為何後來是 Gmail 成功？其中一個很重要的原因是因為 Google 一開始，就非常善用平台的行銷策略來推進平台的發展。

現在很多人在用的 Gmail 剛推出時，不是人人都能申請，只有某些科技業或商業界的主管才知道這項新服務。根據 Time 雜誌的報導 16，當時如果有一個 Gmail 的帳戶，感覺就像是俱樂部的會員，不是人人可以加入

16. How Gmail Happened: The Inside Story of Its Launch 10 Years Ago (https://reurl.cc/OqoMDg)

的，讓那時擁有 Yahoo Mail 及 Hotmail 的用戶，都覺得非常羨慕。

這個策略，被號稱為當年科技史上很成功的行銷策略，創造了一種另類的飢餓行銷。一直到兩年半後，Google 才開放給消費者全面註冊申請，再搭配它提供的高容量策略，一舉超越 Yahoo Mail 及 Hotmail，成為當今最受歡迎的 email 服務。

第二是「MGM 策略」

MGM 的例子很多，例如 EZTABLE 會提供現金促銷代碼給用戶，鼓勵推薦新的用戶加入；雲端儲存空間 Dropbox 的使用者，只要推薦新用戶，就能增加自己的儲存容量；Uber 則不止對司機，也會對乘客祭出 MGM 方案。

最知名的網絡平台 MGM 案例，當屬創立於 1998 年，最早的線上支付工具 PayPal。一開始，使用者只要介紹一個新會員加入 PayPal，雙方都可以得到 10 美元；然而，這個策略起初並沒有讓 PayPal 大成長。因為用戶已經拿到 10 美元，並沒有立即的動機去 PayPal 合作的平台消費，所以平台賣家並無法感覺到使用 Paypal 的好處，也不會把可以使用 Paypal 支付購買產品的訊息，放在最明顯的位置。

PayPal 經過一輪冤枉的灑錢之後，開始改變策略，要求新會員如果要得到 10 美元的介紹費，必須先跟 PayPal 合作的賣家消費至少 10 美元，才可以得到這個免費贈送的 10 美元。

這個小小的改變，大大的刺激了消費，賣家知道很多顧客喜歡使用 PayPal 付款，反而刺激賣方的大量加入，更多的賣方則提供了更多的選擇，進一步吸引更多的消費者加入，讓平台產生了爆炸性的成長。

在 2000 年初期，PayPal 取得一個新會員需要支付 20 美元，達到階段性目標後，逐步降低誘因至 10 美元、5 美元。最後，PayPal 用 6000 萬美金，讓活躍用戶一舉超越 1 億個 [17]，成為全球最大的線上支付系統。

MGM 策略雖然被應用的很多，但用的好、用的妙的並不多，PayPal 是一個很經典的案例。

第三是「事件策略」

最有名的就是美國總統川普愛用的社群媒體 Twitter，一開始在美國年度多媒體音樂、影片盛會「西南偏南」（SXSW）活動中，將兩塊巨大的電漿螢幕拼在一起，以顯示來自 Twitter 的訊息，推文一天立即增加三倍，引起全場討論，迅速爆紅。

事件行銷要能成功，就是要能創造議題，也就是要滿足事件行銷的五個條件：**平台服務的相關性、議題的創新性、對消費者的衝擊性、活動的可執行性，及提供參加活動的誘因。**

近年來，平台品牌所舉辦最成功的需求面事件行銷活動，堪稱「微信發紅包」，這個活動完全符合以上五個條件。

2014 年，正是微信要大舉攻入一直被支付寶獨占的行動支付領域。農曆年發紅包是全球華人的習俗，通常父母或長輩會發紅包給小孩、老闆或主管會發紅包給員工，微信就藉著這樣的機會，預告在過年的除夕夜發紅包給大家，讓大家來搶紅包，可以說都市裡的每個人，都在約定的時間打開微信搶紅包，而且事後還會跟同事分享搶紅包的技巧，看誰的紅包搶得

---

17. The PayPal Growth Strategy That Catapulted Them To Success (https://reurl.cc/ygaL46)

多，我當然也不能錯過這一場盛會。

記得，微信在過年期間推出的發紅包、搶紅包的活動，不只有一波，但是後面的幾波相對較小。根據資料，2014 年光是春節期間，微信足足發了 1,600 萬個紅包，成功綁定了 500 萬個新銀行帳戶 [18]。

這個事件行銷活動，確實逆襲了支付寶。此後，微信從支付寶一家獨大的行動支付市場，搶下 37% 的市占率 [19]，形成如今兩強對決的局面，支付寶的馬雲把這個事件稱爲「偷襲珍珠港」。

可見，一場成功的事件行銷活動，影響有多深遠。

第四是「回饋策略」（Reward Strategy）

回饋策略就是平台提供誘因，吸引消費者加入、消費；消費愈多，回饋愈多，藉此增加需求方的數量及黏著度。

近年，最具有代表性的例子要算是 LINE Pay。LINE Pay 一推出就祭出 3% 的高回饋金，半年就衝出 100 萬個會員。而上百萬個會員累積的消費點數等同現金，都可以到合作的便利商店、百貨公司或餐廳等合作通路購買產品。LINE Pay 藉此進一步綁住供給面，同時利用點數消費的優勢，爭取更多商家的加入，更多商家的加入，則點數兌換更方便，用戶的黏著性越高。LINE Pay 透過虛實整合，玩起供給與需求的蹺蹺板，平衡供給與需求的平台生態。

類似的例子可以說非常多，例如使用街口支付於台北 101 消費，筆筆

---

18. AI 新世界，李開復，天下文化出版，2018.07
19. 2017 年中國第三方移動支付動市場發展報告

消費享 5% 現金回饋，最高單筆可以回饋 100 元台幣。

這樣的回饋活動，人人都有份，其實是很燒錢的。如果參與的人太多，會消耗太多的資金。所以你會發現，LINE Pay 已經從一開始的每筆回饋 3%，隔年 2%，從 2019 年開始，已經改為 1%；如果回饋金太低，對消費者缺乏吸引力，活動就不容易成功。

所以，國際性的消費品公司在辦這類活動，通常不會採人人都有獎的方式，而會改用前述供給面提到的獎勵策略，集中金額給出大獎，但是總花費又不用那麼大，也可以達到吸引消費者參加的效果。

第五個「異業合作策略」（Co-op Strategy）

異業合作就是雙方透過資源交換，彼此都不必花大錢，卻能互相拉抬，壯大彼此的會員人數或交易金額，因此也是我喜歡採用的行銷策略之一。

例如購物網站與 Apple Pay 或 LINE Pay 合作，透過龐大的手機用戶及會員點數，可以為購物網站創造更多的來客數及消費，同時也讓支付工具的使用更為普及，雙方都能受益。再如雙方網站互設「友好連結」，也是異業合作一種最簡單的方式。

在選擇一個異業合作夥伴時，我會考慮以下兩個因素：品牌定位及品牌地位。品牌定位，是指合作對象的品牌形象要能強化我方的品牌定位，或至少不衝突。

例如 EZTABLE 選擇與美國最大的旅游評論平台 TripAdvisor 合作，EZTABLE 提供用戶的消費評論內容給 TripAdvisor，TripAdvisor 則帶給 EZTABLE 國際形象及國外旅客的導流，對雙方來說都是加分的。

品牌地位，則是指合作對象的市場地位，至少要能與我方的品牌門當

戶對或是更佳，如此才能為彼此加分。只要符合這兩個條件，線上品牌也可以跟線下品牌合作，達到交叉銷售或互相倒流的效果。

例如 LINE 購物透過與 91APP 合作，協助品牌電商自動導購，並可將 LINE 會員進一步轉換成品牌會員，刺激客流量再提升，LINE 也因此提供更多服務及綁定使用者。

第六是「蠶食鯨吞策略」（Encroachment Strategy）

這種策略的做法，是先聚焦在一個較小的市場，一邊練兵、一邊改善。這個策略的好處是，不用花長時間把產品做到完美再上市，而是透過快速推出、快速回饋、快速改善，推出可用的產品。

例如 Facebook 就是從哈佛大學的校園起家，初期刻意把自己鎖定在哈佛大學的社群活動，吸引最初的 500 名用戶 [20]，保證一啟動就可以創造社群內會員的活躍活動，同時不斷修正平台的問題、精進平台的功能。

當 Facebook 將市場擴張到其他校園時，必須和其他校園內的社群網路競爭。Facebook 在哈佛練就一身武功，走出校園，就開始出現大成長；之後在社群用戶的期待下，逐一攻入其他校園、整個美國，甚至全世界。

Airbnb 於 2008 年創立於舊金山，因為兩位年輕人參加舊金山的設計大會，一房難求，而點燃將自己的房子上網分租（其實只是提供氣墊床）的想法，初期這個生意也只有在舊金山地區。

Airbnb 創辦時，就認為每個人即是國際人也是本地人，所以致力於本

---

20. Platform Revolution, Geoffrey G. Parker, Marshall W. Van Alstyne and Sangeet Paul Choudary, W. W. Norton & Company, March 2016.

21. How to Grow a Business in 190 Markets: 4 Lessons from Airbnb (https://reurl.cc/9X9vaX)

土化政策 21，尤其是在地語言及對房東的協助。Airbnb 在美國扎根後，開始拓展海外市場，包括加拿大、歐洲、東南亞、俄羅斯、澳洲、中國、台灣等等。

今天，Airbnb 至少提供 26 種語言，超過 190 個國家，34,000 個城市，提供 100 萬以上的出租屋件，已經是一個消費者非常信賴的租屋平台品牌了。

在 Airbnb 大約只有 30 個員工時，就加入 Airbnb 擔任國際處主管的賴特爾（Martin Reiter）指出，在考慮進入新市場時，他會評估五個因素：為什麼？何時？哪一個市場？如何調整產品內容及商業模式？還有採取什麼步驟進入新的市場？

他也提醒，雖然要快速的去擴張市場，但是對服務品質及企業文化是不能妥協的 22；甚至為了顧及品質，縱使手上有資金，可以實現更快速、更大規模的擴張，也寧願放緩速度，以拿捏速度與體驗的平衡 23。

亞洲的創業者，常常為了快而犧牲體驗，Airbnb 的擴張策略是很好的學習典範。

最後一種是「免費試用策略」（Free Trial Strategy）

免費試用、免費試吃，是一種極為古老的行銷策略，例如你到迪化街買年貨、到超市買食品，或到百貨公司逛化妝品、香水區，很多攤位都可以提供試吃、試用，滿意了再購買。

---

22. Advice on market entry from Airbnb's first Head of International (https://reurl.cc/x08a8N)
23. 從 A 到 N：Airbnb 是如何建立並全球擴張的？（https://reurl.cc/q8qVb0）

實體品牌操作這種策略，可以說司空見慣，例如鳳梨酥品牌微熱山丘，任何進到店裡面的客人，都能拿到一整塊免費的鳳梨酥，客人因此絡繹不絕，替品牌做了免費的廣告。

這種行銷手法，當然也搬到平台品牌，只是線上的操作彈性可以更大。許多知名的平台服務，像是影音平台 NETFLIX、Apple Music 等，都提供 1~3 個月的免費試看、試聽。試用期後，只要沒有取消訂閱，即開始收費。

免費策略如果要操作得好，一來可以壯大自己，二來還可以克敵制勝。

《延禧攻略》，在 2018 年可以說紅遍整個亞洲，沒有看幾乎會跟不上當時的社交話題，連政府官員講話也要來個比喻，就知道這齣宮廷劇的影響力。我在愛奇藝上可以免費收看到這部劇集，但是很抱歉，當我看到第十集（愛奇藝根據流量隨時調整免費集數），就只能看到預告片，因為已經看上癮了，我只能乖乖加入會員。愛奇藝採取的就是先免費，再有條件收費的操作策略。這個策略在延禧攻略當紅期間，應該吸引到很多的新會員！

還記得蝦皮和 PChome 的免運費大戰嗎？蝦皮只是剛進台灣市場的小蝦米，如何把市場老大 PChome，打得宣告從資本市場下市呢？簡單的邏輯是，蝦皮剛進台灣，用戶少，免運的對象相較 PChome 已經經營 20 年的用戶基礎不一樣，這也就是 PChome 遲遲未以免運迎戰，等到加入免運直球對決，已經為時已晚。蝦皮在這一戰中，可以說以免運策略，驚嚇大象，贏得第一局。

平台品牌採取免費策略的前提，是因為有好東西！只要東西好，就有機會把客人留下來；反之，會崩壞得更快。平台上的好東西，包括平台的介面、平台上的產品或服務。

以上七個需求面策略，同樣不是各自獨立或每次只能採用一個。可以因為平台所處的階段不同，而採取不同的策略；也可以交互應用，或一次同時包含了兩個策略的應用。

✐ 品牌筆記

需求面行銷的目的，是為了增加需求方，平衡需求方與供給方的數量，以提升平台的轉換率。

48. 平台行銷的 4 種網絡效應

　　現在你已經知道要壯大平台品牌，有供給面與需求面策略可以採用。14 種行銷策略，供給面與需求面各有 7 種，你可以靈活應用。

　　當然，你也可以根據品牌的需要及資源，購買傳統媒體，如全球旅館比價預訂平台 trivago，進入台灣時在各大電視台播放長達半年的廣告，以求快速的打開知名度；或者你也可以像傳統電商一樣，購買數位廣告，以全球化的線上訂房巨人 Booking.com 而言，一季就投資超過 10 億美元在 Google 廣告上 [24]，以讓它的訊息隨時都能出現在有需要的旅客面前。

　　實體品牌的成長，根基於品牌效應（Brand Effects）；網絡品牌的成長，仰賴的是網絡效應（Network Effects）。我的第一本書 [25] 談的是品牌效應如何幫助實體品牌的成長，這本書我要聚焦在網絡效應如何推動網絡品牌的成長。

　　網絡的品牌，無論是平台品牌或內容品牌，基本上是由供給方與需求方所組成，雙方所構成的生態與力量，就是網絡效應。

　　根據《平台經濟模式》的作者派克 [26]（Geoffrey G. Parker）的主張，

---

24. Google got more than $1 billion in ad dollars last quarter from travel giant Booking (https://reurl.cc/k0WOjK)
25. 多品牌成就王品，高端訓，遠流出版，2016（4 版）
26. Platform Revolution, Geoffrey G. Parker, Marshall W. Van Alstyne and Sangeet Paul Choudary, W. W. Norton & Company, March 2016.

網絡效應可以分為同邊效應（Same-side Effects），以及跨邊效應（Cross-side Effects）。同邊效應發生在 C2C 或 S2S，即平台兩邊皆為同一種對象的的平台模式；跨邊效應則發生在 S2C 或 C2S，即平台兩邊一邊為供給方，一邊為需求方的模式。

同邊效應是指市場某一邊的使用者，對市場同一邊的其他使用者產生影響，例如供給方對其他供給方的影響（Alibaba 上的供應商對供應商），或者需求方對其他需求方的影響（交友網站 Meetup 上的消費者對消費者）。反之，跨邊效應是指市場某一邊的使用者，對市場另一邊的使用者產生影響，例如供給方對需求方的影響（大眾點評上的餐廳對消費者），或者需求方對供給方的影響（團購網站上的消費者對供應商）。

進一步，無論是同邊效應或跨邊效應，還可以分成兩種不同的效應，即：正向／負向同邊效應與跨邊效應，形成四種不同的情境。（圖 1）

■ 圖 1. 平台行銷的 4 種網絡效應

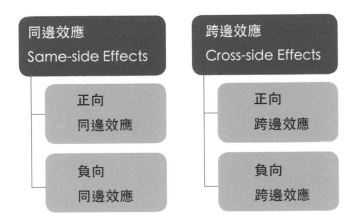

我在前文提到，傳統品牌與平台品牌存在「溝通策略」與「溝通對象」的落差，傳統品牌主要溝通需求方；平台品牌則要同時兼顧需求方與供給方，維持雙方在一個平衡的比率，這個比率稱為平台品牌行銷的「黃金比率」。

如果這個比率失去平衡，就會產生負向的同邊效應或跨邊效應，也就是平台一邊的使用者增加（或減少），導致平台失去維持生態平衡的黃金比率，而對另一邊的使用者造成不利的影響，例如乘客叫不到車、路上空車太多，或者對另一邊的使用者產生騷擾行為。

假設一名 Uber 的司機，每小時可以服務 3 名乘客，如果平台有 1,000 名司機，那就需要有 3,000 名乘客，這個平台的黃金比率就是 1：3。如果今天有 1,000 名的司機，但卻只有 2,000 名的乘客，這時司機在路上空轉的機率變大，出現了負向的跨邊效應（Negative Cross-side Effects），也就是發生供給大於需求的災難。（圖 2）

同理，假設 Meetup 上 1000 個人才能促成一個聚會，如果有 10 個人想要組成小組聯誼，就需要有 10,000 個人在平台上，這個平台的黃金比率就是 1,000：1。如果今天有 10 個人想要聚會，但平台卻只有 9,000 人，這時有的小組聚會可能找不到足夠的朋友加入，出現了負向的同邊效應（Negative Same-side Effects），也就是發生平台一邊的使用者，無法滿足同一邊其他使用者需求的困境。（圖 3）

反之，如果平台的兩邊，無論是同邊或跨邊的數量及互動，都出現同步成長，而且維持一定的黃金比率，平台就出現了正向的同邊效應（Positvie Same-side Effects）或正向的跨邊效應（Positvie Cross-side Effects），這是最好的結果。

■圖 2. 供給大於需求的災難

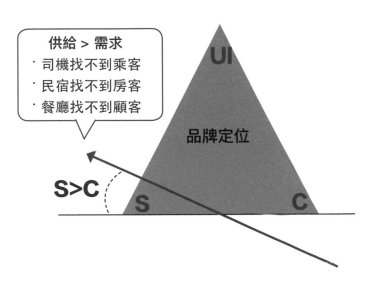

供給 > 需求
· 司機找不到乘客
· 民宿找不到房客
· 餐廳找不到顧客

品牌定位

S>C

UI

S C

■圖 3. 需求大於供給的災難

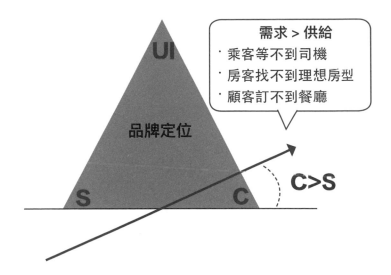

需求 > 供給
· 乘客等不到司機
· 房客找不到理想房型
· 顧客訂不到餐廳

品牌定位

C>S

UI

S C

此時，就可以回來討論為什麼要進行平台的行銷？**平台行銷的目的，簡單講就是就是要消除負向的網絡效應，同時促進正向的網絡效應；也就是避免供給方與需求方失衡，同時維持雙方的黃金比率。**至於什麼是黃金比率？能夠維持平台持續成長的比率，就是黃金比率；也就是說，平台的轉換率如果是在衰退的，這個比率就要重新設定。

前文提到，平台品牌有供給面與需求面兩種行銷策略。當平台出現負向的網絡效應，如果是需求方數量大於供給方的數量（C＞S），例如乘客等不到司機、房客找不到理想房型、顧客訂不到餐廳等。此時平台品牌管理者，就需要及時啟動供給面的行銷，不斷的增加供給方的人數，讓平台再度回到供給與需求的黃金比率。（圖4）

反之，如果是供給方數量大於需求方的數量，表示供過於求（S＞C），例如餐廳沒人訂、車子沒人叫、房子沒人住。此時平台品牌管理者，就需要適時借助需求面的行銷，一再的提升需求方的人數，來消化過多的供給，讓平台再度回到供給與需求的黃金比率。（圖5）

時而供給面，時而行銷面，平台就會維持在正面的網絡效應，不斷的向上提升，邁向成功的門檻。（圖6）

當然，平台的經營，不只是靠行銷。跟管理實體品牌一樣，當負面口碑出現的時候，一味的以為行銷不足，到處花錢找廣告公司，殊不知這可能是管理的基本面出現問題，如產品品質不良、服務得罪客人等等，這是經營者最容易出現的盲點。所以，當出現負向的網絡效應，要先確認是什麼地方出了問題，才能對症下藥。

最後，你如何判定何時該採取供給面行銷？何時該採取需求面行銷？如果沒有掌握好，對平台來說可能是雪上加霜，過多的行銷變成一場災

■ 圖 4. 供給面行銷增加賣方數量

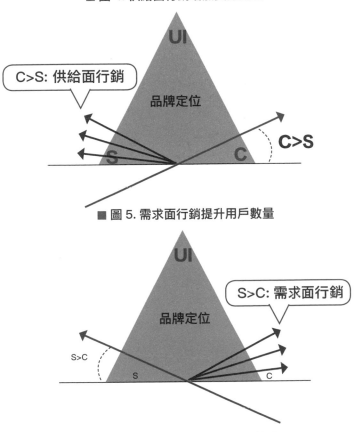

■ 圖 5. 需求面行銷提升用戶數量

■ 圖 6. 供需同步向上的正向網絡效應

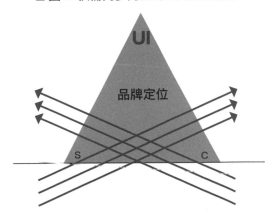

難！此時，就需要靠後台大數據。

平台品牌與實體品牌最大的不同之一，就是可以透過後台全面的掌握使用者的行為軌跡，但是大數據要觀察哪些指標呢？**除了使用者的行為軌跡、黃金比率，我認為至少有三個平台的 KPI，需要被定期追蹤：即媒合所需時間、等待時間及轉換率。**

媒合時間，是指完成一筆交易所需的時間，如 Uber 司機與乘客配對成功的時間，媒合時間快代表平台效率高、雙方數量豐沛。等待時間，是指媒合成功後，供給方回覆需求方的時間，如 Uber 乘客等待司機的時間，或者 Airbnb 房客等待房東回覆的時間，回覆快代表供給方的服務品質優良。

轉換率，視行銷目標而有不同，最終的轉換率是成交的轉換率。做為一個行銷活動的執行者，不只要關心是否達成轉換率，而且要盡一切努力提高轉換率。（詳見 33. 預測行銷，6 個 KPI 檢視成效）

網絡品牌的經營，是屬於新經濟的一環，未來的變數仍然非常多，每個國家隨著社會發展、經濟進程的不一樣，也會衍生出不一樣的策略，值得你我繼續探究！透過新知識的形成，希望能夠幫助新創業者、平台品牌管理者，可以少燒錢，讓品牌更快成功！

✐ 品牌筆記

實體品牌的成長，根基於品牌效應（Brand Effects）；網絡品牌的成長，仰賴的是網絡效應（Network Effects）。

VII.

大數據 × 行銷迷思

在這個大數據時代，今天的資訊與知識，明天可能就不適用了，
面對改變唯一不變的是「知識與勇氣」。

49. 大數據行銷的迷失

　　我已經跟大家介紹了大數據的厲害之處，它可以應用在抓恐怖分子、預測誰會得阿茲海默症、提升公司利潤等等，感覺大數據所到之處，無所不能，真的是這樣嗎？

　　這一篇文章，就是要告訴大家，大數據也有它的不足之處，不要陷入大數據無所不能的「迷思」之中，甚至影響數據的判讀。

　　首先，大數據並不單純是來自網路的數據，來自實體世界及虛擬世界的數字、文字、圖片、影音都可以是大數據。例如來自實體企業 ERP、CRM 及虛擬世界 Web、Network 的資料，都可以是大數據的一部分。（詳見 3. 大數據，其實是一頭大象！）

　　其次，大數據行銷，也只是品牌行銷的一部分。大數據科學雖然是所有 O2O（Online to Offline）行銷媒體背後的分析與演算工具（圖 1），大數據行銷也只是 360 度建立品牌的眾多行銷手法中的其中一支；建立品牌的方式還有事件行銷、公共關係、店鋪行銷等等方式（圖 2）。

　　再者，大數據忽略了外在環境變動對未來行為的影響，包括經濟環境、競爭者對消費行為的影響。你可能已經注意到，大數據行銷是建立在過去實際發生的資料基礎上，例如消費者的交易資料、人們觀賞影片的行為、顧客常去的店家等行為軌跡等。在穩定的環境下，這些行為容易被預測；在變動的環境下，則難以捉摸！

　　例如根據大數據判斷，某位顧客會持續購買高單價的產品，但是因為

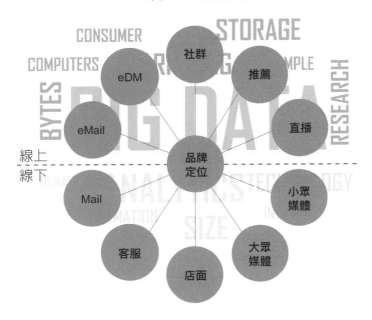

■ 圖 1. O2O 媒體工具

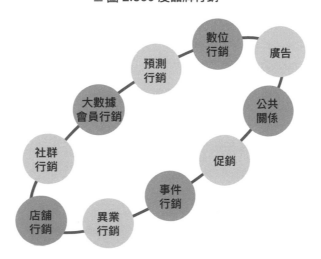

■ 圖 2. 360 度品牌行銷

經濟不景氣，消費趨於保守，開始買 CP 值高的產品；又例如預測該名顧客在一個購買週期後，會再回來該店消費，但是隔壁開了一家人氣店，消費者也被吸引過去了；同樣的道理，某電商預測你買了 A 產品後，應該會買 B 產品，但是 C 產品正在做年度「破盤」大拍賣，消費者也因此變心了。

第四，解決問題並不只是靠大數據，而是需要問對問題，才能對症下藥。還記得一位幼稚園老師，問一群天真無邪的小朋友：「樹上有十隻鳥，獵人開槍打死了一隻，請問樹上還剩幾隻鳥呢？」的故事嗎？當下老師被這班小朋友的答案搞得啼笑皆非，但也說明了不同的問題會有不同的答案，尤其我們要找出問題背後的問題（QBQ, Question Behind the Question）。（詳見 32. 大數據分析，要問對問題）

第五，大數據分析提供的方案再多，解決問題還得靠人類做出正確的判斷。例如海外的消費者透過官方網頁瀏覽公司的資料，這幾年大幅度的成長，顯示可以直接到海外投資獲利更佳。然而，真的可以直接到海外投資嗎？這裡面包括對海外市場的瞭解、公司資源的評估，以及投入時間的選擇等的考量，所以大數據必需仰賴有經驗的專家的觀點及解讀（Insight and Interpretation），就是所謂的 Insight drive big data。（詳見 24. 商業分析 6 步驟：商業分析要有觀點、25. 預測分析 6 步驟：建立精準模型）

最後，當品牌形象出現問題的時候，採取什麼樣的大數據行銷都沒有用。消費者對一個品牌失去好感時，無論透過什麼大數據分析、預測、推薦，都引不起消費者的興趣。市場上不乏這類的品牌，逆勢而為，不斷促銷，打折打到骨折，都救不了這個品牌。這個時候最重要的事，就是品牌再造，而不是大數據或者任何行銷。

我並不是要唱衰大數據，而是要告訴大家，大數據在被神格化的同時，

也有它的局限。當然，這個時代沒有大數據，也是萬萬不能！

✐ 品牌筆記

大數據也有不足之處，不要陷入大數據無所不能的「迷思」之中，甚至影響數據的判讀。

50. 不敗的品牌成功法則

20 世紀末期，網路崛起，大眾媒體行銷式微，數位行銷開始崛起，如果你不參與這場數位大戲，會感覺這個公司已經跟不上時代了。

一時之間，全球最大的廣告主 P&G、Unilever 等廣告巨頭，每年投入數位廣告的預算都大幅增加，而數位行銷天馬行空的創意，缺乏品牌的中心思想，不只對品牌的建立有限，而且很多跟促銷、打折有關係，最後也導致不斷有價格戰，P&G 終於宣布，重新調整行銷資源的戰略分配。

經過了 20 年的發展，企業界終於發現，數位行銷不能光放任創意在網路上橫行，而與品牌無關；同理，大數據預測行銷，雖然成為今日的顯學，仍然必須不忘初衷，大數據也是用來建立品牌，就像建立品牌需要大數據一般，不可偏離。

所以，未來想要建立一個成功的品牌，戰略與戰術，必須要同時並進（圖 1）。在戰略上，要持續建立品牌的有形及無形資產，包括品牌的知名度、各項背書資產（如認證、專利）、品質的認知度、品牌忠誠度，及消費者對品牌的正面聯想力。

在戰術上，善用大數據行銷及會員經營，再結合各種的行銷工具，不論是用傳統廣告、數位行銷、粉絲深耕、影音直播等與消費者溝通。未來所有的行銷工具都會在大數據的監控之下執行，而所有的行銷活動都必須有能力轉化為會員經營。（詳見 14. 還在經營粉絲嗎？直接跟會員溝通才是王道）

■ 圖1. 不敗的品牌成功法則

策略性 ➜ 經營品牌資產

戰術性 ➜ 會員經營　　大數據行銷

　　有人以爲，電商或平台不需要品牌，只需要打價格戰，眞的是這樣嗎？當外來的蝦皮（Shopee）夾著大量的資本進入台灣，消費者還願意支持 PChome，這是因爲它過去 20 年所累積的口碑。

　　當消費者有很多可以選擇時，品牌的定位顯得更重要。例如，同樣的東西，我總會到 citisocial（台灣精選居家、3C 與時尙配件的電商平台）去買，因爲 citisocial 訴求「找好東西」；我在美國進修期間，出外旅遊總是選擇 Viator（TripAdvisor 旗下的旅遊活動平台），因爲 Viator 訴求「跟著內行人去旅行」（Travel with an insider）。

　　同樣的道理，LinkedIn 把自己定位在一個專業人士的交流平台，吸引了各種職業與職務的交流；Restaurantware 很清楚的把自己聚焦在一切餐飲用品、設備的交易平台，因此無論我是想要開餐廳、酒吧或者咖啡館，都可以在這裡找到開店所需要的物品。

　　這些品牌，雖然不一定是市場上的第一品牌，但是因爲定位得宜，也都能在消費者心中占有一席之地。

　　當我做了選擇時，只要這些品牌不讓我失望，就在我心中建立了無形

的品牌形象，其他品牌不是一下子可以改變的。

在一次的演講場合，有人疑惑的問我：「產品不好也可以靠品牌包裝嗎？」我才驚覺，我們在談如何建立品牌時，沒有特別提到產品。事實上，當我們在談品牌時，是假設產品特色及商業模式已經被消費者接受的，因為商業模式及產品必須走在品牌之前，畢竟「沒有好產品，就沒有好品牌！」

靠行銷打出來的品牌，是不會持久的！反過來說，每間公司都會認為自己有一個好產品，如果光有好產品，沒有好的品牌行銷，也是埋沒在茫茫的產品中。

我喜歡用一個例子來分享品牌經營的心得：「我們實在不必汲汲營營的去追求一匹黑駿馬，而是要努力的孕育出腳下的黃金大草原；明年的春天，自然有一群黑駿馬，來到肥沃的草原上。」

最後，我要引用中小企業常常問我的一個問題以及我的回答，作為送給讀者的最後一句話。中小企業的問題是：「我們沒有那麼多的行銷資源及人才，不是沒有辦法做品牌了嗎？」

我的回答是：「瞭解消費者的問題，滿足消費者的需求，創造良好的口碑（Review），就是建立品牌的捷徑！」

最後，最後，我還有一件事想分享，當人們聽完我的演講時，常常也都覺得現在是改變的時候了，而且會想知道要如何改變，這確實是一個大問題。

在這個大數據時代，今天的資訊與知識，明天可能就不適用了，所以面對改變唯一不變的就是「知識與勇氣」。

「知識」，就是每天吸收新知，不讓資訊與知識過期；「勇氣」，就

是擁抱你的新知識，勇敢踏出第一步，翻轉你個人或你經營的企業。

　　謝謝你耐心的看完全書，若是能對你的工作及品牌帶來幫助，將是我最大的成就感。如果對本書有任何的心得，也非常歡迎你能和我分享。

✎ 品牌筆記

未來想要建立一個成功的品牌，戰略與戰術，必須要同時並進。在戰略上，要持續建立品牌的有形及無形資產；在戰術上，要善用大數據行銷及會員經營。

掃描我的 LINE 官方 QR Code，輸入 "pdf" 即可取得演講 PDF、大數據、MarTech、AI 應用相關資訊。

學校老師作為指定教科書，私訊 (LINE ID: simonkoh99) 學校課程連結，提供本書讀後簡報及課堂 Q&A(300 題)。

LINE 官方帳號

DHJ0348

以 MARTECH 經營大數據會員行銷

作　　者－高端訓
主　　編－林潔欣
企　　劃－王綾翊
封面設計－江孟達
美術設計－徐思文

總 編 輯－梁春芳
董 事 長－趙政岷
出 版 者－時報文化出版企業股份有限公司
　　　　　108019　臺北市和平西路 3 段 240 號 3 樓
　　　　　發行專線－（02）2306-6842
　　　　　讀者服務專線－ 0800-231-705．(02)2304-7103
　　　　　讀者服務傳真－ (02)2304-6858
　　　　　郵撥－ 19344724　時報文化出版公司
　　　　　信箱－ 10899 臺北華江橋郵局第 99 信箱
時報悅讀網－ http://www.readingtimes.com.tw
法律顧問－理律法律事務所 陳長文律師、李念祖律師
印　　刷－勁達印刷股份有限公司
一版一刷－ 2019 年 07 月 05 日
二版一刷－ 2020 年 12 月 25 日
二版八刷－ 2024 年 1 月 18 日
定　　價－新臺幣 450 元

時報文化出版公司成立於一九七五年，
並於一九九九年股票上櫃公開發行，於二〇〇八年脫離中時集團非屬旺中，
以「尊重智慧與創意的文化事業」為信念。

以 MARTECH 經營大數據會員行銷 / 高端訓著 . --

二版 . -- 臺北市：時報文化出版企業股份有限公司，

2020.12

ISBN 978-957-13-8495-5(平裝)

1. 品牌行銷 2. 行銷管理 3. 行銷資訊系統 4. 大數據

　496　　　　　　　　　109019580

ISBN 9789571384955
Printed in Taiwan